U0186903

数字媒体
创意与策划
专题研究

谷 征
刘 阳 著

知识产权出版社
全国百佳图书出版单位
—北京—

图书在版编目（CIP）数据

数字媒体创意与策划专题研究 / 谷征 , 刘阳著 . -- 北京 : 知识产权出版社 , 2021.12
ISBN 978-7-5130-7947-1

Ⅰ . ①数… Ⅱ . ①谷… ②刘… Ⅲ . ①数字技术—多媒体技术—研究 Ⅳ . ① TP37

中国版本图书馆 CIP 数据核字（2021）第 255181 号

内容提要

本书以经典案例为切入点，阐释广播、电视、新媒体等不同媒介的创意与策划。本书主要包括三部分内容：第一，重点对比了传统广播与新媒体广播节目的异同，突显数字媒体背景下广播节目的策划创意；第二，选取了目前国内关注度较高的新闻节目、综艺类节目、益智类节目为重点研究对象，深度解读数字媒体的策划创意；第三，以大众使用度较高的微信、微博、视频三种形式为代表，具体剖析新媒体的营销创意与方案策划理论。本书选取的案例代表性强，理论与实践结合，对于研究数字媒体的读者具有可借鉴之处。

本书适合从事媒体研究工作的读者阅读。

责任编辑：李　婧　　　　　　　　　责任印制：孙婷婷

数字媒体创意与策划专题研究
SHUZI MEITI CHUANGYI YU CEHUA ZHUANTI YANJIU

谷　征　刘　阳　著

出版发行：知识产权出版社 有限责任公司	网　　址：http://www.ipph.cn
电　话：010-82004826	http://www.laichushu.com
社　址：北京市海淀区气象路50号院	邮　　编：100081
责编电话：010-82000860转8594	责编邮箱：laichushu@cnipr.com
发行电话：010-82000860转8101	发行传真：010-82000893
印　刷：北京中献拓方科技发展有限公司	经　　销：各大网上书店、新华书店及相关书店
开　本：720mm×1000mm　1/16	印　　张：13.25
版　次：2021年12月第1版	印　　次：2021年12月第1次印刷
字　数：180千字	定　　价：70.00元

ISBN 978-7-5130-7947-1

目 录

第一章　广播的创意与策划

第三章　新兴媒体的创意与策划

第一章 广播的创意与策划

第一节 传统广播的创意与策划

一、大板块、主持人直播、热线电话：让广播重焕生机的"珠江模式"

进入 20 世纪 80 年代，伴随着电视在我国的快速发展和普及，广播听众大量流失。广东身处改革开放最前沿，与港澳毗邻，香港地区广播由于语言相近、节目形式灵活新颖，又夺走了很大一部分听众。电视的扩张与其他媒体的影响，使广东广播腹背受敌。因此，广东广播如何为改革开放和经济建设提供更优质的服务成为摆在广东广播人面前的一个难题。

特殊的地理环境与社会背景成为广东广播改革的动力，在这样的大背景下，广东广播电台提出了"振兴广播、办活广播"的口号。于是，在1986 年 12 月 15 日凌晨 5 点，主持人周郁与黄晞伴随着"珠江，珠江，珠江通四海，经济第一台！"的音乐和呼号开始播音，珠江经济广播电台应运而生。它以建设大众型、信息型、服务型和娱乐型的广播电台为办台方针，开创了大板块节目编排、主持人主持、直播常态化、听众热线电话参与的全新广播形式——"珠江模式"。

珠江经济广播电台全新的广播形式，迅速得到听众的喜爱。电台成立4个月后，直接将广东省电台与香港特别行政区电台的收听率比从3:7逆转到8:2。❶珠江经济广播电台的成功，让全国各地饱受听众流失之苦的广播电台看到希望，纷纷效仿。

（一）大板块节目编排方式

珠江经济广播电台将"板块"概念引入广播节目编排，所谓大板块节目，即以两三个小时为一节，按听众的收听习惯和需要播出内容。全天节目框架由8个不同性质、各具特色的板块构成，板块时间长，内容综合性强。❷

每个大板块下设新闻、文艺、音乐和少儿等多个不同类型的广播节目。一个板块中如果更突出新闻类节目，则构成新闻板块；如果更突出文艺类节目，则构成文艺板块，以此类推。此外，大板块中亦可以套小板块，采用"以新闻信息为骨架，以大板块主持人节目为肌体"的形式，每逢半点播出新闻，每逢整点播出经济信息❸，晚7点整还有一次整体信息汇总，将以往集中编排的新闻节目分散到各个大板块中。

大板块的节目编排方式，打破了广播电台以往将新闻节目与其他类型节目割裂设置的格局，融新闻性、知识性、服务性、娱乐性和教育性为一体，凸显了其内容的综合性与丰富性，也充分体现出广播传播的及时性特点。这样由多个不同性质、各具特色的大板块构成的广播，内容综合性强，避免听众长时间收听同一类型的节目而产生的厌倦感，让听众保持持续收听的欲望。

---

❶ 褚俊杰.我国广播新闻的历史沿革与发展趋势研究 [D].广州：暨南大学，2013：12.
❷ 吴星晨.珠江模式：中国广播突围的一个样板 [J].中国广播，2019（07）：68-72.
❸ 覃继红，刘浩三，吕晓红.珠江经济台开播始末 [J].中国广播，2012（04）：69-73.

（二）主持人直播常态化

之前的广播节目基本是按照记者采访、编辑编稿、领导审稿、播音员录播、录音师同步录音和监听人员同步监听的流程提前录制。❶1981 年，广东电台率先在全国采用主持人直播的形式播出节目。珠江经济广播电台沿用这一方式，由主持人主持直播节目，每个大板块都配置了 1 ~ 3 名主持人，形成了规模庞大的主持人群体。❷

从播音员到主持人，从录播到直播，主持人主持直播广播节目的形式也逐渐常态化。广播节目的生产流程发生变化，录音、审听等流程得到优化，节省了录制成本，缩短了从事件发生到信息播出的时间差，提升了广播的时效性与传播效果。更重要的是，广播直播也为听众实时参与节目提供了可能性。

（三）开通热线电话，吸引听众参与

珠江经济广播电台的另一个成功因素在于其开通了热线电话，听众可以实时参与节目。通过直播节目的热线电话，听众可以提出问题、发表意见，节目主持人则充当回答听众问题、为听众排忧解难的角色。热线电话节目最初安排在每周末中午，成功后逐步增加，扩展到早、中、晚三个时间段。热线电话的内容和形式也逐渐增多，点歌、游戏、投诉和咨询等节目都采取这种交流方式。随着电话的普及和技术设备的成熟，突发性事件、重大事件、活动报道、热点问题和政论性问题的讨论中也经常使用热线电话。❸

---

❶ 苏凡博.场域理论视野下的"珠江模式"[J].传媒，2017（15）：88-91.
❷ 吴星晨.珠江模式：中国广播突围的一个样板[J].中国广播，2019（07）：68-72.
❸ 同❷.

热线电话的出现使广播节目改变了之前播音员单一播讲的形式，为听众参与节目提供了便利。听众不再仅仅是被动收听，而是成为节目进程中的关键要素。全新的互动形式激发了听众参与节目的热情，增加了听众对节目的认可度，对于节目质量的提高也有很大的促进作用。听众热线电话的出现，将广播由原来的单向传播变为双向互动，广播真正成为服务和沟通听众的桥梁。

大板块节目编排、主持人直播常态化、开通听众热线电话等一系列珠江经济广播电台的创新做法就被称为"珠江模式"。这一模式让广播的形象更加亲切、贴近、可信赖，听众越来越被重视。同时，在"珠江模式"的吸引和带动下，各地相继成立经济台，打破了过去"一市一台""一省一台"时期以行政区划作为服务范围的状况。"珠江模式"与珠江经济广播电台一度成为中国广播改革的代名词。但许多广播电台机械式地照搬"珠江模式"，过分注重节目主持人的艺人效应，淡化广播的社会服务功能，使其与听众的距离越来越远。广播如今的创新发展，同样可以回到"珠江模式"中寻找策略，只有重视广播本质属性，深入听众群体，大胆创新节目形式，方能成功。

二、类型化广播："音乐之声"的创新与突破

珠江经济广播电台的"珠江模式"虽然引发了全国广播改革的热潮，但其定位仍是新闻综合型广播，当各地纷纷成立经济台后，在众多的综合型广播频率中，同质化、雷同化是制约其发展的主要问题。

20 世纪 90 年代以后，随着私家车拥有量的迅猛增长，广播的核心听众逐渐从农村转向城市，调频广播、数字音频广播逐渐成为主流。面对媒介之间日趋激烈的竞争及受众的不断分化，北京人民广播电台和上海东方

广播电台率先进行频率专业化改革，我国广播开始进入"窄播"时代。当伴随性、流动性、碎片化成为听众收听广播的主要特点时，为了适应不断细分的需求，类型化广播开始进入人们视线。

（一）何为类型化广播

类型化广播，又称类型化电台、格式化电台、标准化电台、专业台和专业频率，英文中称为 Format Radio。与栏目化电台（Programming Radio，又称堆砌栏目电台）相对应。[1] 周晓普教授认为："类型化电台是经过明确目标受众和市场定位采用标准化生产、流程化运作、循环式播放、同质化传播的一种运营模式，类型化广播在'受众专业化'基础上进一步实现了'内容专业化'，追求频率整体风格的统一。"[2] 节目内容单一化、节目编排标准化与模块化、节目生产流程化、节目传播同质化是类型化广播的主要特点。因此，类型化广播在播出节目时，有固定的格式或者模板，所播节目的风格一致，播出内容和模块的时间基本固定，听众不需要节目表，随时打开广播即可收听喜欢的节目。

与专业化广播相比，在内容上，类型化广播并非内容单一，内容更具多样性。而专业化广播则是单一内容，单一风格。在受众需求上，专业化广播针对某个特定群体，而类型化广播则针对众多人群中同样的需求。在节目形式上，专业化广播会比较突出主持人的个人魅力；而类型化广播的主持人风格、表现则要求与节目结构相一致。在内容编排上，专业化广播更加多样，类型化台的编排则相对统一。[3]

类型化广播以特定的节目内容与类型形成频率特色、专一化的内容，

---

❶ 路军.从东广新闻台看类型化电台在我国的探索实践 [J].新闻记者，2005（04）：22-25.
❷ 周小普.广播类型化发展的历史及前瞻思考 [J].中国广播，2012（02）：18-23.
❸ 同❷.

流式电台的播放形式减少了电台的运营费用，能够集中地满足某一特定听众群体的收听需求。类型化广播通过同类型节目的聚合，明确了市场定位，降低了听众的选择成本，抓住了特定的目标听众，通过打造频率整体风格和形象来加深听众对频率品牌的印象和记忆，提升了听众忠诚度。同时，收听的目标听众非常明确，迎合了广告主和广告商追求精准传播的心理。

类型化广播是根据受众需求确定节目核心元素，设置节目风格。

（二）"音乐之声"的类型化操作

鉴于声音媒体的伴随性特点，音乐、新闻和交通信息等成为目前听众最感兴趣的传播内容，因此广播形成了新闻（综合）频率、音乐频率、交通频率三足鼎立的局势，其他如经济频率、生活频率、体育频率和故事频率等也比较普遍。从"音乐之声"，到"经济之声""中国之声"，作为国家级大台的中央人民广播电台在广播专业化和类型化道路上进行了积极的探索与尝试。

2002 年，中央人民广播电台"音乐之声"开播，是全国第一个类型化的流行音乐广播频率，定位为"纯音乐频率"，以统一风格呈现全天 18 个小时的音乐节目，打造城市背景音乐。"音乐之声"类型化的风格增强了听众的可预期性，方便听众随时收听，符合现代青年生活节奏。同时，"音乐之声"坚持正确的舆论导向，倡导先进、健康、流行和时尚，注重欣赏性、娱乐性、服务性的兼顾统一，倡导社会责任感。❶ 节目播出后受到了听众尤其是青年听众的欢迎，带动全国一些综合音乐或者文艺频率开始向类型化音乐电台转型。"音乐之声"开播之初，节目设置采用时钟循环的

---

❶ 孙晓宇.广播音乐节目的市场化生存——中央人民广播电台"音乐之声"节目解析 [J].音乐传播，2012（02）：109-115.

播出模式，节目用 2 小时或 3 小时来划分，但栏目之间并没有太大内容差异。2008 年之前，几乎所有节目名称都是用"音乐"二字打头，主题明确。节目命名主要以时间为背景，听众很容易了解节目播出的时间段。而且主持人串词时间被严格限制，一小时只有 6 分钟左右开口说话的时间，因此频率主要是以音乐来突出整体风格。❶

"音乐之声"从传统的综合文艺频率发展成专门的流行音乐频率，并在众多音乐广播中脱颖而出，关键在于它的类型化转型，得益于其在节目定位、节目编排、主持人配置及互动形式方面的一些创新。

1. 聚焦流行音乐的类型定位

央广的"音乐之声"对频率做了类型细分，在从文艺频率剥离出音乐这一大类之后，再对音乐进行细分，聚焦于流行音乐，进一步窄化了播出内容，细化了听众定位。"音乐之声"并非传统意义上的音乐台，从传统的文艺频率到流行音乐广播，将目标受众定位为"15 岁到 40 岁的学生、白领等对音乐感兴趣的听众"，这就决定了它的主要听众是热爱流行音乐的都市青年人。这类人群的生活节奏更快，传统综合性广播频率对其缺乏吸引力。随着流行音乐市场的起飞，定位为流行音乐的"音乐之声"——这种风格统一的类型化音乐广播频率，迅速占领市场，缩小目标人群，满足了都市青年人群快节奏生活方式下的音乐广播节目收听需求，成为广大都市青年关注的对象。

2. 风格统一的节目编排

类型化频率打破了原有栏目设置的壁垒，整个频率播出同一种类型的节目，且风格一致。听众不需要节目表，只要打开收音机，随时都能听到想要的类型节目。❷"音乐之声"按照国外标准流行音乐频率的思路进行了

❶ 王丽 . 中国大陆类型化广播发展策略研究 [D]. 武汉：武汉大学，2010：51–52.
❷ 张晨 . 我国广播的类型化发展策略研究 [D]. 长沙：湖南大学，2010：11.

节目的重新编排与设置，其编排核心是以流行音乐为主，虽然各个版块也会有自己的个性化标签，但节目内容整体风格较为统一，都致力于把握流行音乐的风向标，打造精品流行音乐节目，充分展现了类型化广播专一化的发展特点。

为了保持频率的风格统一，"音乐之声"引进了 RCS 数字化编播系统，RCS 系统具备强大的音乐管理功能，能够分门别类地归纳、精确地选播及串联节目。RCS 系统替代主持人实现了选歌、编排的自动化，避免主持人个人喜好对频率风格稳定性的影响。新歌入库时，操作人员首先会计算每首歌的节拍、前奏和尾奏等技术参数并将其输入系统。"由于每一个时间段的歌曲情绪和节奏的张弛已经预设，可以根据时段选取歌曲。"一首歌曲结束，电脑会计算出精确时间供主持人词之用，什么时候播出广告，什么时候播出电台的呼号，不能被打乱。❶

流行音乐的一大特点就是更新速度快，随着大众文化需求的不断提高，流行音乐的流行周期也越来越短。为了满足听众对时下最新流行歌曲的收听需求，"音乐之声"与一些唱片公司开展合作，第一时间获取新歌版权及相关宣传资料，既满足了听众的最新需求，又加深了听众对"音乐之声"类型化流行音乐频率的印象。

（三）后类型化阶段的"音乐之声"

类型化广播有着风格统一的节目编排与标准化的节目运行结构，因此在提升忠诚度的同时会造成听众数量的减少，即收听率的下降，难免在节目内容上容易给人雷同之感。特别是移动互联网的迅猛发展，类型化广播初始的编排模式已经无法满足当下听众"重社交""强互动"的需求。❷ 在

---

❶ 王丽. 中国大陆类型化广播发展策略研究 [D]. 武汉：武汉大学，2010：55.
❷ 罗幸. 媒介融合背景下类型化广播发展趋势探究 [J]. 传媒，2017（21）：42-44.

此背景下，"音乐之声"将轮盘与板块相结合，通过适度提升不同节目主持人的个性来增强节目辨识度，利用社交媒体与移动电台，通过线上线下各种互动方式来吸引听众参与。

1. 个性化的主持风格

高度同质化的节目内容与单一的语言风格，容易使听众产生疲劳。适当放宽主持人选歌权限，适当增加主持人做符合频率统一风格的评论、串场，适当允许主持人呈现个性化主持风格，则能有效降低听众的疲劳感，提升节目魅力，吸引更多听众。❶这点在"音乐之声"这样的音乐广播中更为重要。

首先，"音乐之声"的主持人一般具备较高的音乐素养，对所播音乐及其创作者、演唱者有较为深入的了解，对音乐传达的内涵有独到的感知，能准确判断听众的需求，能对流行音乐进行有价值的、而非千篇一律的点评。"自在音乐"之前的主持人田龙，以其深邃独到的见解和幽默诙谐的主持语言曾在2013年获得中国播音主持"金话筒奖"。在"自在音乐"节目中，他根据自己英语和音乐的专长，与编辑共同定制属于自己的小专栏"音乐就是JOHN"：每天根据不同定制的主题，由主持人或听众推荐最喜爱的中英文歌曲。❷这个小环节突破了类型化广播的规则，体现出主持人自己的个性，同时也激发了听众的积极性。"自在音乐"现任节目主持人魏野也有自己的特色，他对时尚风向有敏锐的触感，对于音乐有深刻的领悟与把握，无论是对歌手本身，还是对音乐专辑风格特征都有深层次的认知。

其次，"音乐之声"的主持人能够在有限的主播时间内形成自己的语言特色与个人风格，并相互配合。"全球流行音乐金榜"节目主持人王文

---

❶　章莹莹.类型化电台的特点及主持人的作用——以中央人民广播电台"音乐之声"为例 [J].现代传播（中国传媒大学学报），2013，35（04）：161-162.

❷　同❶.

超语言节奏较快，在节目当中经常会穿插英语和幽默段子，另一位主持人徐曼的语言节奏则相对较慢，两人配合得相得益彰，节奏感极强，这种独特的语言风格也获得了听众的极大喜爱。

最后，之前的类型化广播一般会弱化主持人，以突出频率整体风格，但当社交媒体与移动音频出现，主持人可以通过微博、微信、短视频及直播等增加与听众的互动，或者在蜻蜓FM、喜马拉雅、荔枝FM等开辟私人电台，更加贴近听众。"音乐之声"的主持人小强、魏野、文超等在QQ音乐上开设私人电台❶，形成更为亲和的风格，提升了"音乐之声"的整体形象。

个性化的主持风格与类型化广播并非矛盾，打造、包装一些有特色的主持人，甚至设立专门部门或者聘请相关公司为主持人进行形象包装，在增加主持人人气的同时，也进一步提升了"音乐之声"的社会影响力。❷

不过在类型化广播主持人的选择上，要优先考虑其与频率、节目整体风格的适配度。首先，主持人的语言特色、个人风格要为节目内容服务，与频率整体风格相统一，不能喧宾夺主；其次，个性化主持风格应该有所节制，要建立在符合广大听众审美情趣的基础上。

2. 线上线下的听众互动

"音乐之声"非常重视线上交流空间的拓展，并与线下活动实践相结合。线上方面，"音乐之声"充分利用各类新媒体资源来对节目进行推广。"音乐之声"的微博和微信公众号实时推送时下流行音乐相关的热点内容，如前介绍各节目主持人也会通过个人微博来与听众进行沟通。例如，在

---

❶ 曾毅.从"广播"到"窄播"的变革—中国类型化电台发展空间初探 [D].上海：上海师范大学，2015：23.

❷ 章莹莹.论类型化电台 DJ 的角色定位——以音乐之声为例 [J].中国广播电视学刊，2013（04）：101-103.

"全球流行音乐金榜"节目的"生活有聊吗"环节中，主持人王文超会和听众分享互动话题，听众可以通过主持人的个人微博进行互动。❶"音乐之声"还上线了 App 客户端，听众可以通过 App 在线收听节目，了解最新的活动信息。线下活动也是"音乐之声"的一大特色。大多数广播频率、节目的互动形式集中在线上渠道，这种方式虽然更为方便快捷，但始终存在着距离上的疏远感。线下活动则很好地弥补了这种缺陷，尤其是听众平时只闻其声，对广播主持人更为好奇，因此广播主持人站台的线下活动更能引发听众的参与。

"中国 Top 排行榜"会在全国各地举办颁奖活动与拉票会，"全球流行音乐金榜"定期在全国各大城市举行"音乐面对面"活动。"音乐之声"还热衷于公益事业，举办"Music Radio 我要上学"公益活动为失学儿童筹集善款。❷线下活动的开展，不仅让"音乐之声"积累了大批的忠实粉丝，增加了频率的热度，更提升了频率的温度，体现了其社会责任感。

从珠江模式到广播专业化，再到类型化广播的出现，中国广播不断创新发展。在新媒体技术的支持下，不仅节目制作的系统操作更为便捷，主持人和编辑通过自己的 PC 或者智能手机、iPad 等设备即可完成，办公空间得以扩展，听众的收听设备也渐趋多样，收听场景不断增多。以"音乐之声"为代表的广播频率，在后类型化阶段体现出跨平台、碎片化、多场景、浅收听和强互动的特点，在提升频率吸引力的同时，也孵化出了很多家喻户晓的广播节目。

---

❶ 郝俊杰.浅析音乐广播的创新发展路径——以中央人民广播电台《音乐之声》为例 [J].西部广播电视，2018（01）：45-46.

❷ 同 ❶.

三、新闻娱乐脱口秀节目：接地气的《海阳现场秀》

《海阳现场秀》于 2011 年上线中央人民广播电台"文艺之声"频率，以"下班路上的快乐陪驾"为口号，主要在每周一到周六下午五点到六点的晚高峰时段播出，此外也在"经济之声"播出。该节目以热点新闻娱乐话题为对象，由男女主持人搭档进行幽默的点评与调侃，是中国第一个获得"金话筒"奖的脱口秀节目，目前已经包揽了国内脱口秀节目的所有大奖。节目强调观点的独特性，充分运用了脱口秀节目的嘲弄与自嘲，再加上主持人海阳极强的模仿演绎、即兴搞笑的天赋，在嬉笑中传递主流价值观，关怀社会民生。

在 2011 年节目研发阶段，北京地区晚高峰广播市场基本饱和，于是"文艺之声"经过调查，根据自身优势将节目定位于新闻脱口秀，充分挖掘主持人能力，主打新闻的第二落点，对新闻做娱乐化解读。节目最初名为《给力十七点》，在获得成功后，"文艺之声"进一步强化了节目的主持人品牌，同时也进行了板块创新，于 2013 年对《给力十七点》进行全面改版升级，更名为《海阳现场秀》。❶

《海阳现场秀》之所以能够成功，主要原因在差异化定位、社群化营销与产品化运作这三个方面。

（一）主持风格"接地气"

《海阳现场秀》为了与其他同类型、同时段节目相区别，最终锁定了三个词：解压、幽默和小人物，造成一种反差"萌"。这种差异化定位使

---

❶ 李玥.解析如何运用互联网思维构建广播栏目——以《海阳现场秀》为例 [J]. 中国广播，2015（08）：56—59.

节目从当时基本饱和的晚高峰广播市场中脱颖而出。❶ 晚高峰时段，是传统广播的黄金时间，也是广播节目竞争最为激烈的时段。《海阳现场秀》放下国家级媒体的身段，希望通过幽默的表达来为晚高峰堵在回家路上的都市人解压，疏解心情。

为了达到解压效果，《海阳现场秀》跳出了新闻广播节目千篇一律的严肃播报形式，为听众提供对社会热点不一样的解读。《海阳现场秀》通过娱乐元素与新闻的结合，发挥了娱乐广播节目时事述评和社会批评的功能，以新闻资讯为由头，带出具有喜剧效果的观点，趣说新闻、笑谈世事，拓展了娱乐广播节目的功能。❷ 海阳在节目中自诩为"服务老百姓的'草根'主持人"，以幽默的口吻和睿智独到的观点分享新闻。如在播报一则学校将疑似学生集体食物中毒的原因归结为受雾霾影响时，海阳发表了"没想到才一年时间，雾霾就从人人喊打，变成有人喜爱的万能解药"的观点 ❸，用一声笑语击中问题要害。

主持人海阳还经常用小人物的方式自嘲，把自己定位为大龄、单身、没车、没房的形象，用小人物的视角去看新闻热点，降低姿态，与大众的社会生活接轨，从而赢得听众的共鸣。"我会把自己定位为一个小人物，用小人物的视角去看这个世界。小人物可以赢得大家的共鸣，小人物是大多数，小人物不会麻木。小人物对这个世界有着切肤之痛，有一种疼痛感、危机感，一种'不得不'。"只有"接地气"的社会生活、与普通听众真正接轨的节目，才会引发听众的共鸣。

通过"接地气"的主持，契合了节目定位，也提升了主持人的知名

---

❶ 海阳. 海阳工作室进化论 [J]. 中国广播，2016（12）：27-29.

❷ 胡妙德. 十年感言——广播娱乐节目十年纪 [J]. 中国广播，2014（01）：8-12.

❸ 石杨雪. 新形势下对广播媒体发展的创新分析研究——以《海阳现场秀》为例 [J]. 科技视界，2014（03）：334，336.

度，使海阳作为节目的重要品牌符号，不仅写入节目名称，也进入听众内心。继续打造海阳的"接地气"形象，也将有助于节目品牌的提升与进一步发展。

（二）宣传手段多样化

优质节目同样离不开有效的推广，《海阳现场秀》针对听众年轻化、移动收听多的特点，从广播到线上，从线上到线下，利用多样化手段对节目进行宣传、开展社群营销。

首先，通过微博、微信公众号等多种新媒体平台，与听众保持 24 小时互动，适应听众的新媒体使用习惯。同时，寻求自媒体达人对其进行策划，将直播、弹幕等方式广泛用于节目。策划"海阳粉丝节"等社交媒体营销活动，引导粉丝参与节目的开发、传播和测试等各个环节中来。[1]《海阳现场秀》还会在节目的最后讲一个有悬疑的故事，听众需要通过关注微信公众号并回复关键字的形式获得谜底，直接提高了其新媒体平台的关注度。[2] 此外，《海阳现场秀》会邀请艺人在微博上为其做宣传，扩大节目的听众群体；并与"掌上青岛"等地方平台合作，以实现为节目引流的目的。

其次，新媒体平台的宣传只是基础，起到巩固粉丝关注的作用。《海阳现场秀》还通过线下新颖有趣的社群活动吸引新老听众关注，值得其他广播节目的参考与借鉴。为了加强听众粉丝间的互动，《海阳现场秀》开办"海阳观演团""海阳乐跑团""海阳环球旅行团"三个不同类型的粉丝

---

[1] 海阳. 海阳工作室进化论 [J]. 中国广播，2016（12）：27-29.
[2] 李玥. 解析如何运用互联网思维构建广播栏目——以《海阳现场秀》为例 [J]. 中国广播，2015（08）：56-59.

社群进行线下活动。❶ 活动还筛选意见领袖组成"海洋董事会"作为骨干"粉丝"组织，协助节目开展活动，给予其社群管理的职能任务。观影、长跑和旅行等活动促进了听众与"粉丝"间的交流，不断吸纳其他一些这类活动的爱好者参加，将非听众转化为节目的"粉丝"。

此外，《海阳现场秀》在社群营销之外，继续提升和强化主持人品牌，使海阳在电视、杂志、视频网站全媒体展露，充分展示其多方面才能，反哺了广播品牌，聚集了较高人气。❷

（三）变节目为产品

《海阳现场秀》在其新媒体平台内容的生产上，遵循了产品生产理念，在完善原有生产流程的同时，逐渐开发衍生产品。

首先，广播节目同样具有产品属性，可以通过科学高效的生产流程规范内容生产。严格规范的流程设计也会使产品广播节目形成从研发到改进、持续创新的闭环。新媒体方面，《海阳现场秀》将微信、微博等社会化媒体公众账号视作产品进行精细化管理，重视自身听众和用户的数据和信息积累，购买其他平台的用户反馈数据，依据数据测试最佳传播时间与形式，并在内部形成《社会化媒体传播手册》，对微信、微博所传播的内容、形式、时间、频次及推广方式进行了详细与周密的流程化设计，并通过定期问卷调查的形式收集"粉丝"反馈，基于"粉丝"需求提升其体验，从而在短时间内通过新媒体平台吸引大量听众的关注，并反哺广播节目生产。❸

---

❶ 李玥.解析如何运用互联网思维构建广播栏目——以《海阳现场秀》为例 [J].中国广播，2015（08）：56-59.

❷ 同❶.

❸ 石杨雪.新形势下对广播媒体发展的创新分析研究——以《海阳现场秀》为例 [J].科技视界，2014（03）：336，334.

通过上述努力，海阳工作室重点打造拳头产品《海阳现场秀》的广播与新媒体品牌，获得了同业的认可，不仅通过文艺之声与经济之声双频播出，还实现全国百余频率落地，多家省、市级电台付费购买版权播出，在全国拥有了较高的市场占有率。❶ 而《海阳现场秀》的微信公众号"海阳"逐渐建立起音视频直播平台，为用户提供音视频直播与点播服务，节目内容在各大音频平台的点击量破亿，通过互动进一步引流用户。❷

其次，利用原有品牌，与其他平台合作生产了一系列节目产品，如辽宁卫视《海阳俱乐部》，山东卫视《语众不同》，与爱奇艺合作的《海阳头壳秀》和《晚安朋友圈》等。

《海阳现场秀》作为"文艺之声"广播频率的王牌节目，没有局限于简单的笑话或段子，而是将新闻与娱乐结合，挖掘更深层次的社会意义，与其他节目区别开来。《海阳现场秀》利用幽默的节目风格为听众解压，以"接地气"的表达方式吸引用户；同时，通过社群化营销进一步宣传节目品牌，在完成了初期的品牌积累后开始延伸其品牌产业链，逐步开发衍生产品。

1. 珠江模式是否适用于现在的广播频率，为什么？

2. 类型化广播频率，如音乐类、新闻类或者交通资讯类，它们的创新策略有哪些相同，又有哪些不同？

❶ 海阳. 海阳工作室进化论 [J]. 中国广播，2016（12）：27-29.
❷ 黄馨茹，海阳，弓健，刘海涛. 转型中的广播人 [J]. 青年记者，2016（04）：41-43.

第二节 新媒体时代广播的创意与策划

一、收听全场景：手机、汽车、音箱与广播的结合

近年来，以人工智能为代表的高新技术更新迭代加速，智能手机、车联网和智能音箱等纷纷应用于广播领域，多元化、嵌入式智慧终端成为广播的新载体，移动音频渐成主流，广播迎来全场景收听的新时代。

（一）"广播＋智能手机"：移动场景下音频平台的兴起

2014 年起，随着智能手机的普及，互联网技术迅猛发展，移动音频平台如雨后春笋般地出现在人们的眼前。

1. 传统广播电台建设的移动音频平台

目前，大多数国家级与省级广播电台都建有移动音频平台，其中影响力较大的有中央广播电视总台的"云听"、中国国际广播电台的"China Radio"、上海东方广播电台的"阿基米德"、北京广播电视台的"听听FM"等。此外，部分市级广播电台也建有移动音频平台，如济南人民广播电台的"叮咚 FM"、佛山人民广播电台的"花生 FM"等。这些移动音频平台把电台广播直播内容与按需收听内容相结合，弥补了在音频产品高度市场化的局面下，广播媒体的移动音频产品缺乏竞争力的局面，打造了音频产品的国家队。

广播媒体下的移动音频平台虽然在内容范畴上不如商业平台更多元化，但依托于传统广播电台众多专业主持人的资源及国家级或地方级媒体

的独家内容，资源优势是十分明显的，尤其是国家或地方重大活动、赛事的一手资料，往往是商业平台难以获取的。尽管一些商业平台近些年来发展势头迅猛，但广播媒体平台仍是时代的主流，其新闻话语权仍是社会舆论引导的重中之重[1]，发布的内容也更具权威性。

因此，无论是国家级还是地方级广播媒体下的移动音频平台都充分发挥了自身的独特优势，运用独有资源，提高平台的权威性、引领力，持续不断推出有影响力的音频内容，如"云听"打造的"云听好书节""万众一心，共同战'疫'"等有标杆意义的系列活动、专题内容，都凸显了主流广播媒体的引领力和影响力。

2. 新兴商业移动音频平台

我国移动音频平台始于 2010 年，豆瓣网推出的豆瓣 FM 是国内第一家进入大众视野的移动音频平台，之后凤凰 FM、多听 FM、蜻蜓 FM 等平台相继出现。[2] 截至 2019 年，整个网络音频市场规模达 175.8 亿元[3]，2020 年商业平台"荔枝"登陆达纳斯股票交易所，成为中国第一家上市的移动音频平台，移动音频市场的发展欣欣向荣。关于商业移动音频平台的类型、特点、发展趋势等，在本节的第二章将会有详细的介绍，这里不再赘述。

3. 有声书平台

2019 年，中国有声书行业市场规模达 63.6 亿元[4]，占整个网络音频市场规模的 36%，因此有声书平台是移动音频平台的重要组成部分。

有声书平台的发展主要依靠出版社、文学内容生产平台提供内容来

---

[1] 周人杰.从"云听"和"央视频"的推出兼谈广电媒体的突破方向 [J].中国广播，2020（09）：47-50.
[2] 张路琼，崔青峰.移动音频的传播特征及媒介演变 [J].青年记者，2020（29）：75-76.
[3] 艾瑞咨询.中国网络音频行业研究报告（2020 年）[EB/OL].（2020-05-14）[2020-11-15]. http://report.iresearch.cn/report_pdf.aspx?id=3576.
[4] 艾媒大文娱产业研究中心.艾媒咨询 2020 年中国有声书行业发展趋势研究报告 [EB/OL].（2020-12-18）[2021-03-10].https://www.iimedia.cn/c400/75882.html.

源，例如"懒人听书"就与中信出版社、阅文集团等超 500 家单位建立了长期合作关系❶，通过购买的文学作品使用权的形式来开发有声书，这也是有声书平台内容生产的最大特点。

版权是制约有声书平台发展的关键，但随着各个平台的内容扩张，已经出现了平台间的同质化，而细分化就是解决问题的最优办法，也是未来有声书平台的一大发展趋势。例如，专为儿童打造的听书平台"KaDa 故事"、为悬疑小说爱好者而生的"乌鸦听书"等，通过细分化内容的确立，为平台塑造了更鲜明的形象，从而带来了高黏度的用户。

智能手机在新媒体时代下用户最常用的广播收听载体，广播与智能手机的融合也是所有收听载体中最成熟的，已经衍生出官方媒体平台、商业平台、有声书平台等多种类型的平台。它们满足了听众在移动场景下多样的收听需求，同时也为广播和其他收听场景的融合发展提供了借鉴与参考。

（二）"广播 + 车联网"：车载场景成为现阶段广播发力点

车联网（Internet of Vehicles）的概念是国内基于物联网提出的，是以车内网、车际网和车载移动互联网为基础，按照约定的通信协议和数据交互标准，在车和 X（X：车、路、行人及互联网等）之间进行无线通信和信息交换的大系统网络，是能够实现智能化交通管理、智能动态信息服务和车辆智能化控制的一体化网络，是物联网技术在交通系统领域的典型应用。❷ 车联网搭载的是智能汽车，但并不仅仅限于自动驾驶技术，也包括车载大屏里丰富的音视频内容。

目前，"广播 + 车联网"的发展方向大致分为两种：一是汽车厂商自

---

❶ 张思嘉.有声读物 App "懒人听书"运营策略研究 [D]. 河南大学，2020：13.

❷ 谢伯元、李克强、王建强、赵树连."三网融合"的车联网概念及其在汽车工业中的应用 [J]. 汽车安全与节能学报，2013，4（04）：348-355.

建或与互联网巨头合作共建智能车机；二是广播电台、移动音频平台与汽车厂商合作，整合音频资源。

1. 智能车机

智能车机指安装在车辆驾驶台上的拥有通信、导航和娱乐影音等多种功能的车载终端，由汽车厂商自建或与互联网巨头合作共建，常以车载大屏的形式预装在汽车内，国内常见的智能机车系统有比亚迪搭载的DiLink、上汽荣威搭载的斑马、吉利使用的吉客及东风风神搭载的WindLink等。

苹果公司早在2014年就推出了CarPlay车载系统，将用户的iPhone手机通过数据线连接到启用了CarPlay的汽车上，结合车内显示及扩声系统，就可以使用"语音拨打电话""在线音乐""电子地图""实施路况信息""语音导航"和第三方音频应用程序等。谷歌公司也与通用汽车、本田、奥迪、现代和NVidia合作，推出了安卓车载系统Android Auto，实现了安卓手机与汽车车载系统的对接。[1] 近年来，国内的一些车联网产品也已经上线，百度推出CarLife免费智能操作系统，并与奥迪、现代、上海通用等汽车厂商签订了车联网战略合作协议；腾讯推出了"路宝App+路宝盒子"的智能系统，实现汽车与腾讯云服务的互联；阿里巴巴全资收购高德地图，并研发了Yun OS基于云计算的车载系统。[2]

智能车机虽然可能替代传统车载收音机的功能，但其并非只为实现广播功能而打造，因此在优质广播内容的提供上有所欠缺。近年来，随着智能车机和智能手机的结合越来越紧密，越来越多的用户选择在智能车机中安装移动音频App，或者通过智能手机在智能车机中呈现移动音频平台内容[3]，以弥

---

❶ 杨靖.传统广播在未来车联网中的定位和发展方向 [J].科技传播，2019，11（21）：134-135.

❷ 王岚岚.广播媒体的智能化趋势与未来 [J].视听界，2018（03）：34-39.

❸ 谷征.改革开放40年我国听众调查的五个阶段与发展趋势 [J].编辑之友，2018（12）：41-48.

补智能车机在广播内容提供上的不足。由此也就衍生出了"广播 + 车联网"的第二种发展方向。

2. 广播与车企的资源整合

资源整合即广播电台、移动音频平台与车企合作，打造自己的车联网音频平台和产品，例如福建广播影视集团的"广电车盒子"、喜马拉雅的"随车听"等。

"广电车盒子"由福建广播影视集团与福信富通网络共同研发的智能后视镜，车主通过语音操控，就能实现多项与广播电台的交互功能，如实时抓拍视频上传，参与电台秒杀活动，给电台主持人留言、点赞和打赏等。❶喜马拉雅的"随车听"则是通过与安装了喜马拉雅 App 的用户手机连接的形式，利用车载音响系统播放喜马拉雅 App 上的广播节目。

广播电台、移动音频平台作为内容提供者，他们利用自身强大的节目制作能力、优秀主持人和技术优势，制作出精良的广播节目，与汽车厂商合作，扩展节目收听渠道；汽车厂商整合广播电台、移动音频平台的优秀节目资源，为车主提供丰富的广播节目内容，提高车主对汽车的品牌满意度，是一种合作共赢的发展方向。

5G 与人工智能技术的发展，加速了车联网的布局。随着智能网联技术的进步、产品持续迭代升级，以及整车电子电气架构发展颠覆性改变，中国汽车产业实现由大变强。2020 年，中国智能化和网联化功能在汽车产品中的普及率分别为 22% 和 50%，市场规模达到 2556 亿元。❸

赛立信数据显示，传统车载收音机广播接触率逐年下降。相对而言，基于车联网技术的智能车载音频系统的普及率正在稳步提升，有逐渐取代

---

❶　游苏苏 . 广播 + 车联网：未来车载广播新业态的预判 [J]. 东南传播，2019（12）：18-19.

❸　Innov100. 赛智时代：2020 年我国智能网联汽车产业发展研究 [EB/OL].（2020-03-20）[2021-03-19]. https://www.ciomanage.com/front/article/6351.

传统车载收音机广播的趋势❶，这也是广播进入车联网市场的有利时机。

　　但广播与车联网的融合发展也缺少大规模的资本投入，这将制约平台技术的更新迭代，且与商业移动音频平台构建的用户体验相对比，会有较大差距。此外，车载收音机时代，用户贡献的收听率价值完全属于广播电台，而车联网时代，用户贡献的大数据价值直接留存在车联网移动终端，广播电台失去了很大一部分盈利内容，这些问题都是车联网在带给广播在新媒体时代发展机遇的同时，产生的挑战。

（三）"广播 + 智能音箱"：嵌入家居场景

　　2017 年，互联网巨头进入音频领域，纷纷推出智能音箱产品，亚马逊的 Amazon Echo、谷歌的 Google Home、苹果的 Home pod、微软的 Invoke 等 "广播 + 智能音箱产品" 应运而出。Strategy Analytics 最新发布的研究报告指出，2019 年全球智能音箱销量达到 1.469 亿台，比 2018 年增长 70%，发展速度高于过去 10 年推出的其他消费电子产品，2020 年全球智能音箱销量更是突破 1.5 亿台，创历史新高。❷《福布斯》杂志在 2017 年即称，音频的未来是智能音箱。❸

　　1. "广播 + 智能音箱" 的发展现状

　　音频与智能硬件的融合为物联网技术应用开辟新的空间，其中智能音箱作为移动终端新品类，实现了智能语音、有声阅读与终端媒介的融合，

---

❶　北国网.2018 年度中国车载音频市场发展现状及趋势专项分析报告 [EB/OL].（2019-04-09）[2021-03-15].http://it.gmw.cn/2019-04/09/content_32727468.htm.

❷　Strategy Analytics.Global Smart Speaker and Smart Display Vendor & OS Shipment and Installed Base Market Share by Region: Q4 2020[EB/OL].（2021-01-26）[2021-03-15]. https://www.strategyanalytics.com/access-services/devices/connected-home/smart-speakers-and-screens/market-data.

❸　殷乐，朱豆豆.声音媒体的智能化发展——新终端 新应用 新关系 [J].中国广播，2019（04）：31-35.

成为近年来新媒体发展的重要趋势。❶

　　从智能音箱的功能来看，智能音箱均设置了唤醒词，默认设置为智能音箱的名字，用户通过说出唤醒词，发出如播放音乐、询问天气等语音指令，就可以实现与智能音箱的日常语音互动。❷继国际市场上亚马逊的 Amazon Echo、谷歌的 Google Home、苹果的 HomePod 等智能音箱相继推出后，国内市场也创新推出了系列化的智能音频终端产品，如小米的小爱音箱 mini、百度的小度智能音箱。以小爱音箱 mini 为例，它实现了 Wi-Fi、麦克风对讲、人工智能技术整合，内置有声读物资源，同时拥有语音备忘、日程管理、语音操控家居电器等功能，并利用大数据技术为用户推送定制内容，实现以音频为介质的智能化语音互动。❸

　　此外，广播与智能家居的融合也是广播发展的一个趋势。智能家居是物联网技术在家庭场景中的应用，是家庭中人机信息交换的交流系统❹，简单来说，就是将智能音箱嵌入家具这种物质媒介中。蜻蜓 FM 打造的有声智能家居场景，便是将有声智能系统内置于冰箱智能屏幕上，用户可通过语音控制音频播放。随着智能音箱与智能家居的进一步融合，未来电视、床头灯等然和家具都能作为广播的载体，可实现在家居场景中随时随地收听广播。

　　智能音箱对广播的革命性意义在于实现了对听众家居生活的嵌入，卧室、客厅等应用场景的多元化，电台直播、有声读物、音乐等音频内容的丰富化，使智能音箱越来越受到广播听众的喜爱。

---

　　❶ 李森.数字"新声活"：融媒场景中移动音频的知识传播与实践 [J]. 中国编辑,2018（09）：76-80.

　　❷ 尹琨.智能音箱是广播的新风口吗？ [J]. 中国广播，2018（03）：94-95.

　　❸ 李森.数字"新声活"：融媒场景中移动音频的知识传播与实践 [J]. 中国编辑,2018（09）：76-80.

　　❹ 同❸.

2. "广播 + 智能音箱"面临的挑战

传统广播电台通过地域覆盖来获取听众，但受技术所限，无法了解听众的情况，通过第三方统计公司进行相关数据统计的方式，时间长、费用大、精确度低，难以做到精准与量化分析。但通过智能音箱中设定的技术手段，听众在音箱上的行为将被智能化自动采集，从而在后台形成一个受众行为的海量数据库，数据包含听众的各种信息，如账号、访问 IP、操访问节目、访问时长等。通过对这些数据的有效分析及研究，可以直接用于节目考评、广告经营分析、产品市场投放等，为广播行业的发展增添新的助力。❶

广播电台虽然可以和阿里巴巴、百度、小米等公司合作，将节目内容输出到智能音箱中，但无法获得智能音箱的控制权，因此在用户数据获取和渠道入口搭建上都有诸多限制，内容监管的及时性和有效性也难以保证，同时不利于新业务的开展，这是"广播 + 智能音箱"发展过程中面临的最大问题。所以，广播行业有必要打造出自主可控的智能音箱产品，这也是未来"广播 + 智能音箱"的发展方向。

（四）广播收听新场景展望：让声音成为主角

可被开发的声音场景就是目标听众所处的无声或没有对听众有益的声音的环境，如若此时传来新的声音，便可以为听众营造新的环境氛围。从听众的认知角度出发，听众此时正处在听觉空闲的状态，因此听众具有收听声音的动机、情绪与需求，我们便可在这基础上创设场景广播。

1. 充分利用碎片时间，融入生活场景的广播

广播是一种伴随性极强的媒介形式，听众在听广播的过程中，不影响

---

❶ 臧亮. 国内智能音箱行业发展状况研究 [J]. 中国广播，2018（11）：23-26.

完成其他的事情，前文提到的驾驶场景、居家场景都体现了广播的伴随性，但这些场景下，更偏重听众能够有一整段较长的时间来收听广播，广播内容也没有对场景做出针对性的改变。

其实，除了驾驶、居家场景，任何一个听觉空闲的生活场景，都是收听广播的契机。例如，现在很多公交车站台都有可以通过扫一扫即时查看车辆信息的二维码，广播电台、网络音频平台便可以将广播节目嵌入二维码中，充分利用乘客等公交车时的几分钟碎片时间。再如，可以在面膜包装袋上印制音频内容二维码，人们在敷面膜的等待过程中可以扫描二维码收听广播节目，还可以在听众收听节目 15 ～ 20 分钟后插入提醒用户适时取下面膜的信息，这将是面膜场景下有益的广播融入❶，广播内容也在不同的场景下更有针对性，让听众切实感受到广播内容的实用性。

新媒体时代，大众获取信息趋向于碎片化，而充分利用碎片时间，充分融入生活场景的广播，十分契合大众的信息获取习惯，势必能够获得听众的喜爱。

2.前提要素齐备，物联场景广播指日可待

时代的进步与发展，使人们生活节奏加快，智能物联网系统已经被很多普通家庭所选择。广播也可以融入家居物联网环境，例如水龙头、微波炉的开关可以触发广播，智能播放早间节目；油烟机可以触发广播播放娱乐节目；浴池花洒可以触发广播播放轻音乐……家居物联网成为广播又一个重要的可融入平台。

实现广播融入家居物联网所需要的前提要素已经渐渐齐备，移动设备、传感器、社交网络和定位系统这四者制造数据，后台对于这些数据进行分析处理，再反馈回来给移动设备、传感器、社交网络、定位系统或者

---

❶ 郭政.场景广播：声音本位下广播的"分众进化"[J].今传媒，2018，26（06）：104-105.

其他的人与系统，便可以提供给听众当下所需要的收听内容。❶

3. 关注精神生活，畅想情绪场景广播

在更加重视精神生活品质的时代，情绪场景更值得我们关注。例如，人在失恋、失眠、赢得比赛胜利等情景下的情感需求是不尽相同的，听众需要不同情绪感受的声音内容来缓解压力、恢复心情。目前，很多网络音频平台都提供了不同情绪类型的音频内容供听众选择。其实通过心跳速度等生理指标也是可以粗略判断人的心情状况的，那么通过穿戴设备的感应也可实现触发不同情绪类型音频的播放。

再如，广播电台往往在早晚整点、半点前后播报新闻等快节奏内容，但这些时间节点正处于听众上下班打卡、开会等重要事项上，此时听众的情绪是趋向于焦急的，那么快节奏内容的播报在此时就显得不合时宜。因此，将早晚整点、半点前后的快节奏内容延缓播报，或许可以在一定程度上避免广播节目内容与听众在情绪上的对冲。❷

场景广播要锁定社会活动中的活跃人群，他们对物质产品有较强的消费能力，对精神生活有丰富的需求。因此，除了车上场景、家居场景以外，这些受众也拥有更丰富的生活场景、物联场景和情绪场景。我们应坚持用声音作为架构传播内容的主要手段，而不是让声音成为图像、视频等信号的辅助，也要坚持将广播在新媒体时代与更多场景、媒介的融合，挖掘广播的更多可能性。

❶ 罗伯特·斯考伯，谢尔·伊斯雷尔. 即将到来的场景时代 [M]. 北京：北京联合出版公司，2014：6.

❷ 臧亮. 国内智能音箱行业发展状况研究 [J]. 中国广播，2018（11）：23–26.

二、百花齐放、各有千秋：国内网络音频平台的布局走向

近年来，随着智能手机的普及以及互联网技术迅猛发展，"阿基米德""喜马拉雅""荔枝""凯叔讲故事"等多种不同类型的网络音频平台如雨后春笋般地出现。这些网络音频平台把广播直播与音频节目、内容相结合，或打造综合型平台，或只为特定群体服务，总之都在新媒体时代探索出了适合自己的广播创新发展道路。

（一）传统广播的转型探索：网络收音机"阿基米德"

"阿基米德"是上海东方广播电台打造的一款网络音频 App，它将传统电台广播与互联网媒体相结合，扩展了单一的音频传输方式，通过图、文、音等形式传递信息，同时兼具互动与社交功能，弥补了传统广播在新媒体环境中的不足，同时也将传统广播的资源与技术优势保留了下来，是传统广播转型中较为成功的平台之一。

1. 背靠传统广播，发挥资源优势

相对于其他网络音频平台而言，"阿基米德"是通过传统广播转化过来的新媒体广播平台，在资源上有巨大优势，这些资源包括广播节目资源与艺人主播资源。首先，上海东方广播电台为"阿基米德"提供了包括戏曲、财经、文化等多种类别，且具有较高专业度的广播内容。此外，"阿基米德"不仅有上海东方广播电台在广播节目资源上的全力支持，凭借其发行方上海人民广播电台与其他传统广播电台的深厚关系，"阿基米德"还得到了其他广播电台大量精品广播节目的播放权，这同样为其发展提供了强有力的帮助。❶

---

❶ 牛沛媛.传统广播向移动音频客户端的转化——以阿基米德 FM 和 iHeartRadio 为例 [J]. 传媒，2018（19）：48-50.

其次，与其他网络音频平台邀请名人入驻、培养网红不同，"阿基米德"拥有自己专属的艺人主播阵容。例如，"音乐早餐"节目主持人晓君、小畅，"东方风云榜"节目主持人罗毅，"音乐万花筒"节目主持人丁丁等，都是上海东方广播电台多年来积攒的艺人主播资源。随着电台广播节目向移动端平台延伸，这些主播也成为"阿基米德"的重要资产。这些节目主持人在上海本地拥有较高的知名度与号召力，配合上海东方广播电台在广播节目资源上的支持，为"阿基米德"提供了广阔的用户基础，也降低了其在上线初期的市场推广的难度。

2. 专业技术突破，强大人才保障

传统广播电台大多拥有专业的制作团队和广播级的技术设备，这些都为传统广播的转型提供了强大的软硬件和人才保障，这也是非传统广播转型的网络音频平台短期内无法比拟的一大优势。"阿基米德"依托上海人民广播电台的专业技术研发团队，已在移动端平台上实现了多项音频技术突破，如直播延迟 10 秒达到行业领先；手机端实现语音直播，音质达到国家播出级标准；平台内置音乐识别、语音识别与文字转化技术；语音采用独特声纹技术，有效保护音频版权等。❶ 此外，"阿基米德"还实现了基于大数据的新闻选题推送与预测，基于新闻关键词的关联推送等。如此强大的专业技术保障，将成为未来传统广播转型的网络音频平台与对手竞争的强有力武器。

"阿基米德"虽然拥有强大的资源优势与技术保障，但其广播节目更多还是依存于传统广播电台，缺少平台自身生产及用户生产的音频内容。就其目前开发的功能及上线的音频内容来看，"阿基米德"更像是一个网络版的收音机，把传统广播电台的节目整合到了一个网络平台上，在类似

---

❶ 陈红艳，史蕾.传统广播 App 的品牌打造与未来突破——以阿基米德 FM 为例 [J]. 出版广角，2017（15）：65-67.

于其他网络音频平台火爆的语音直播、语音交友以及有声书、知识付费课程等功能或内容上有待进一步优化。这种情况下，专业的技术能力也难以帮助其发挥出全部的优势与作用。因此，积极开发新功能，上线新内容，是"阿基米德"急需解决的问题。

（二）综合型 PUGC 平台：内容聚合的"喜马拉雅"与"蜻蜓 FM"

"喜马拉雅"与"蜻蜓 FM"是国内领先的综合型 PUGC（Professional User Generated Content，专业用户生产内容）网络音频平台，不过二者早先的定位都不是 PUGC 平台。"喜马拉雅"的 UGC（User Generated Content，用户生产内容）入口一直存在，用户可以直接录制音频上传，生成自己的电台，且"喜马拉雅"早期的 UGC 内容比 PGC（Professionally Generated Content，专业生产内容）内容更多，所以更偏向于 UGC 平台。但"蜻蜓 FM"早期是没有开通普通用户上传通道的，只有经过运营人员审核的认证用户才可以上传音频内容。由此可以看出，早期的"蜻蜓 FM"更偏向于是一个 PGC 平台。但无论是 UGC 还是 PGC，作为综合型的网络音频平台，想做好内容聚合，仅仅依靠一方的力量是难以实现的。

于是，近几年，"喜马拉雅"与"蜻蜓 FM"双双改变内容生产战略，主打 PUGC 定位，致力于建立有声化平台，用高质量的 PGC 内容留存用户，培育主播维系平台 UGC 内容供给，不仅引领着广播在新媒体时代的创新，同时也吸引了大量的传统广播电台、图书公司和自媒体人与之开展合作，共创优质音频内容。

1. 与广播电台互联互通，大力开展品牌合作

"喜马拉雅"与"蜻蜓 FM"收录了全国多家电台广播，内容覆盖文化、财经、科技、音乐、有声书和付费课程等 30 多种类型。2014 年，"蜻蜓 FM"与"央广之声"合作，获得了"央广之声"独立制作的有声小说

等资源。"央广之声"强大的生产能力，为"蜻蜓 FM"提供了最全面、最专业的语音内容资源；同时，通过引入传统广播电台的专业主播进行节目制作，也为"蜻蜓 FM"导入了主播的原生粉丝群体。❶ 广播电台的优质内容资源与"喜马拉雅""蜻蜓 FM"平台实现了对接，传统广播电台的一些经典节目、品牌栏目在"喜马拉雅""蜻蜓 FM"上得到了二次传播和推广，既保证了"喜马拉雅""蜻蜓 FM"平台上音频内容的质量，又解决了优质内容来源的问题。

除了传统广播电台，在平台内容供给方面，"喜马拉雅""蜻蜓 FM"还选择与媒体、品牌、图书公司开展合作。例如，"喜马拉雅"上已有央视新闻、人民日报评论、新浪、福布斯、36氪、三联生活周刊等 5000 家媒体和阿里巴巴、百度、肯德基、杜蕾斯、欧莱雅等 3000 多家品牌入驻，它们为"喜马拉雅"提供了更多品类的音频内容。此外，"喜马拉雅"还与全球最大的中文数字阅读平台阅文集团签署了独家版权合作，现拥有《校花的贴身高手》等众多高人气网络文学作品独家改编权，给平台带来了超高流量。

2. 与专业自媒体人合作，培养草根主播

除了开展品牌合作，"喜马拉雅""蜻蜓 FM"邀请传统电台的主持人、优秀的自媒体人和团队及高流量的声音 IP 入驻平台，并为他们的内容制作提供渠道、技术、奖励、培训和资源等支持。"喜马拉雅"平台上马东的《好好说话》、陈果的《幸福哲学课》、蔡康永的《201 堂情商课》、经济学家管清友的投资课，以及"蜻蜓 FM"上蒋勋的《细说红楼梦》、作词人方文山的《方文山的音乐诗词课》、演员杨迪的《杨迪的幽默情报局》等精品节目都是在这种背景下应运而生的。

除了邀请主播入驻，"喜马拉雅""蜻蜓 FM"经过多年实践，发展出

❶ 汪勤.国内移动网络电台内容生产模式研究——以荔枝 FM、蜻蜓 FM、喜马拉雅 FM 为例 [J].视听，2018（07）：34-35.

了一套完善的主播挖掘和培养机制。例如，"喜马拉雅"推出的喜马拉雅大学、全球华语播客巅峰榜、声音工场基金会等，都是"喜马拉雅"为有潜力成为优质主播的草根主播、自媒体人和团队等建立的集挖掘、培养、孵化和推广于一体的服务支持，为主播打造自我生长的造血系统。

通过上文可以看出，"喜马拉雅""蜻蜓FM"非常注重对于主播的挖掘与培养，无论是邀请知名人士、品牌入驻，还是培养平台自身的主播，都更看重他们带来的流量与热度。对于综合型网络音频平台而言，在没有专精一种类型内容的情况下，依靠独家资源或是高知名度IP虽然在短时间内能为平台拉拢大量的用户，但用户后期的留存、沉淀难以为继。

例如，"蜻蜓FM"在2018年为因在《声临其境》节目中一句"宝贝儿"配音而登上热搜的演员朱亚文定制的《最美情书》节目，播放量从第1期的301.5万一路下滑到第10期的36.2万。❶名人名家确实能引爆流量，但当热度过去，如果内容缺乏价值，节目就无法形成差异化和识别度，进而难以形成持续稳定的关注度与播放量。因此，"喜马拉雅""蜻蜓FM"这类综合型网络音频平台只有持续输出有价值的优质内容，才能配合独家资源的优势，在愈加激烈的竞争中，在新媒体广播市场中占据一席之地。

（三）UGC音频社区：热衷语音直播的"荔枝"

相较于"阿基米德""喜马拉雅"这些主营内容聚合业务的平台而言，"荔枝"的PGC音频资源储备量并不高，它更多的是依靠用户、主播生产的内容，像是广播界的"抖音"，实现了每一个人都可以通过手机一站式进行创造、存储、分享和实时互动，让人们用声音记录和分享生活，"荔枝"也由此积累了大量的用户和内容创作者，形成了生机勃勃的UGC音频

---

❶ 唐莹.蜻蜓FM：超级IP视域下声音经济的场景革命 [J].传播力研究，2018，2（17）：59.

社区。

1. 转变主营业务，上线语音直播

"荔枝"早期的定位与"喜马拉雅""蜻蜓 FM"类似，都是综合型的网络音频平台。在综合型的网络音频平台越来越多而导致的同质化严重的情况下，"荔枝"在 2016 年上线并推广语音直播功能。经过两年的试水，"荔枝"于 2018 年转变平台主营业务，降低在内容聚合上的投入，转而投身 UGC 音频社区的建设。如今，"荔枝"已经是国内最大的 UGC 音频社区。

"荔枝"的语音直播与视频直播大同小异，整个直播过程由主播和其他用户共同完成。在直播过程中，主播能够与其他正在收听直播的用户连麦，实时互动；直播间的所有用户可以通过发送评论、刷礼物等方式与主播进行互动；用户与用户之间也可以在评论区进行文字交流。

为打造良性的 UGC 生态，"荔枝"建立了播客学院，进行优秀主播的筛选和培养，为主播讲授内容制作的经验，提供交流心得的平台，更是孵化出如崔大桐、NJ 苏木、DJ 陈末等千万级播放量的知名主播。"荔枝"还先后启动了荔枝音乐红人、"了不起的声音"年度盛典、回声计划等活动，寻找优质主播，并为其打造持续发展计划，扶植有潜力主播的内容创作与成长，为其 UGC 音频社区的壮大铸造强有力的根基。

2. 打造声控社群，创新互动玩法

"荔枝"借助声控群体对声音的特殊情节，致力于打造最具归属感、凝聚力的声控社区。区别于常规社交平台熟人间的分享转发，"荔枝"是基于声音的兴趣聚集，公会聚集主播，主播聚集用户，满足了更多精神层面的社交需求，形成了更有凝聚力的社群。

在这样的社区中，"荔枝"独家开发了"专属声鉴卡""听声音找朋友""荔枝派·K 歌对抗真人秀"等多人互动玩法，用户间可相互送礼及魅力值大比拼，还可参与 K 歌对抗，围观投票等，实现了全新的实时社交体

验，让用户感受到声音社交的乐趣，从而调动全平台用户互动的积极性。

"荔枝"的语音直播功能与社群互动玩法都突破了传统广播的限制，创造了连接主播与受众的桥梁，为直播市场与传统广播注入了新活力。但也正是"人人都是主播"的口号，让"荔枝"的语音直播内容质量良莠不齐，存在过度娱乐化、低俗化的现象，更是不乏错误价值观的传递与引导。因此，"荔枝"在鼓励用户积极参与内容创作的同时，还要就平台的准入门槛、内容审查机制问题上进行优化，在不打消用户创作积极性的前提下，给用户提供一个良好的 UGC 生态环境。

（四）深耕细分市场：专注少儿广播的"凯叔讲故事"

"凯叔讲故事"起初是由原中央电视台节目主持人王凯创建的微信公众号，而后开发出"凯叔讲故事"App，将唐诗宋词和经典名著等文学作品以故事的形式全新包装，录制成音频产品投放到儿童市场，现在已经衍生出亲子教育咨询服务、电商、亲子互动社群等多维度功能，并开发了儿童故事动画片、儿童故事硬件产品，是国内领先的少儿广播品牌。❶

1. 专注少儿广播，贴合用户场景化需求

"凯叔讲故事"专注于为儿童生产内容，多年来推出了《凯叔讲故事》《凯叔·声律启蒙》《凯叔西游记》等精品音频内容等，在此基础上还衍生出了故事动画片《凯叔画剧》。在音频内容上，"凯叔讲故事"注重对少儿价值和行为体系的输出、引导。例如，在《凯叔·三国演义》中，"凯叔讲故事"从史料中寻找更丰富的历史细节，改编到音频故事中，既考虑到了孩子的心理承受能力和行为模仿问题，又尊重、保留了原著表达的英雄精神。"凯叔讲故事"还将所有音频内容按照儿童年龄、故事类型、使用

---

❶ 李默.互联网环境下少儿广播发展思路探索——以儿童内容品牌"凯叔讲故事"为借鉴[J].中国广播，2018（04）：62-66.

场景、对不同能力的提升等类别划分为更精细的版块，方便用户能够精准地找到自己所需要的内容。

此外，"凯叔讲故事"的内容生产紧紧贴合用户的场景化需求。如定位于哄睡场景的音频故事，大都选择舒缓轻柔的背景音乐，加之王凯在音频结尾处总是淡淡地重复一句晦涩难懂的诗句，帮助孩子进入睡眠状态的同时，加深了孩子对古诗词的记忆。

对音频内容严格的把关以及对音频类型细致的划分，让"凯叔讲故事"深受家长们的喜爱。专业优质又贴合用户场景需求的内容，也使深耕少儿亲子这一长尾市场的"凯叔讲故事"在新媒体时代的广播市场中更具竞争力。

2. 体验式营销，引导用户对内容付费

"凯叔讲故事"的音频分为免费和付费两部分，免费的部分就是"凯叔讲故事"体验式营销的内容。如《凯叔·三国演义》先推出部分免费音频，让用户体验对故事内容的喜好程度，而后期的内容是付费的，那么用户就会根据自己的喜好选择是否付费。这种体验式营销主要以用户的心理感受为基础，如果试听的免费内容达到或超出用户的预期感受，就会引导用户走向付费。[1]"凯叔讲故事"中的免费音频很多，制作水平与付费内容一样精良，付费内容又有免费的试听，因此"凯叔讲故事"的用户对于付费内容的接受程度非常高。根据易观千帆数据显示，"凯叔讲故事"App 的活跃用户中消费中等偏上消费能力者占比高达73%[2]，这更加印证了其用户群体的高付费意愿。

此外，"凯叔讲故事"基于虚拟内容衍生出实物产品，开发了与音频内容配套的硬件产品。例如，"凯叔讲故事"早年与中信出版社、果麦文

---

[1] 周研 . 少儿音频类自媒体用户研究 [D]. 呼和浩特：内蒙古师范大学，2019：16-17.
[2] 必然 . "凯叔讲故事" 产品体验分析报告 [EB/OL]. （2018-04-16）[2020-10-05].http://www.woshipm.com/evaluating/993231.html.

化公司推出的《选给孩子的 99 首古诗》《选给孩子的 99 首词》等诗词"图书＋随手听"的软硬结合产品，以及最近推出的"凯叔声律启蒙"蓝牙音箱等，实现了虚拟内容与实物产品一体化的商业模式，形成一套完善的线上浏览、体验、收听、互动、购买，线下图书、硬件产品销售的"儿童内容"生态体系。❶

与"喜马拉雅"等综合型网络音频平台相反，"凯叔讲故事"不求大而全，但求小而精，深耕少儿广播市场，用专业优质又贴合用户场景需求的内容赢得特定群体的广泛好评。体验式营销的使用，也让其品牌实现了利润最大化。不仅是"凯叔讲故事"，专注于广播剧的"猫耳 FM"、有声读物平台的代表"懒人听书"，都是小而精的典范。它们传承了类型化广播的特质，融合了当下的移动互联网技术，为广播在新媒体时代的发展提供了又一条可观的道路。

综合来看，网络音频平台的内容资源丰富，类型定位精准，能够最大限度满足不同听众的需求。不仅如此，基于广播与智能手机的融合，听众与主播、听众与听众间的互动交流更为便捷。拥有不同兴趣爱好的听众，都能够在网络音频平台中找到各自的圈子，获得情感释放。网络音频平台也因此愈发受到大众的喜爱。

相较于传统广播电台，网络音频平台在广播的表现方式上更加多元化，窄播化和分众化传播成为广播在新媒体时代的主流发展趋势。不同布局走向的平台百花齐放、各有千秋，我们无法断定哪种发展模式更好，但可以肯定的是，所有平台都在谋求更优质的音频内容，听众在广播中的主体性和参与性都有提高，这些都是广播与新媒体融合的产物。新媒体对广播的影响必然是利大于弊的，我们也期待二者的融合，能够迸发出更多优

---

❶ 王茜.童年内容品牌"凯叔讲故事"获 9000 万 B 轮融资 [EB/OL].（2017-06-01）[2020-10-05].http://news.sohu.com/20170601/n495215867.shtml.

质的音频内容与声音的表现形式,让广播在新媒体时代重焕生机。

三、入局知识付费:《好好说话》开启移动音频时代广播节目新趋势

近年来,国内付费音频节目兴起,这类节目有完整的节目规划和播出时间,用户需要付费才能下载收听完整的节目内容。根据艾瑞咨询发布的《中国网络音频行业研究报告(2020年)》提供的数据显示,中国网络音频用户规模达 4.9 亿,且 76% 的用户在网络音频平台产生过付费行为,用户平均年付费金额达 200 元以上❶,可见用户的付费意愿和付费金额都很高,网络音频节目付费已经成为市场的潮流。

《好好说话》就是付费音频节目浪潮中涌现的精品之一。《好好说话》是由"喜马拉雅"和北京米未传媒有限公司共同推出的付费音频节目,于2016年上线,现推出《马东携奇葩天团亲授"好好说话"》《好好说话·精进技巧 2020》两辑,共 549 期节目,单辑售价 198 元,总计播放量超一亿次,订阅量超 200 万人次。《好好说话》由《奇葩说》电视节目中的嘉宾、辩手马东、马薇薇、黄执中等人担任主创团队,以日更形式推出 6~8 分钟的音频,内容包括演说、沟通、说服、谈判和辩论等,是教授用户应对生活中的社交、面试等一系列场景的提高说话技巧的知识服务广播节目。

(一)《好好说话》节目的特点

1. 内容专业化

《好好说话》作为一档专业的知识服务型节目旨在提升听众的沟通技巧。首先,《好好说话》的内容生产者都是演说界的专业人士,无论是传

---

❶ 艾瑞咨询.中国网络音频行业研究报告(2020年)[EB/OL].(2020-05-14)[2020-11-05].
http://report.iresearch.cn/report_pdf.aspx?id=3576.

媒公司 CEO、国辩最佳辩手，还是高校教授、海归博士，都具备传授说话技巧的能力，他们在《奇葩说》节目中展现的专业素养也得到了大众的赞赏与认可。

其次，这些内容生产者本身具有传播学、语言学、心理学、哲学和商学等多学科的教育背景或行业工作经历，他们在内容的生产过程中，融合了这些学科的基础知识和经典理论，让经验之谈更有学术依据。从这两点可以看出，《好好说话》节目内容的专业性是毋庸置疑的。

2. 场景实用化

目前，我国的教育体系与机构没有专门教授表达与沟通的板块，但现实生活中有较大的群体存在这方面需求，《好好说话》正是抓住了大众的痛点，利用新媒体平台和知识社群等各种渠道与听众互动交流，搜集听众普遍、共性存在的问题。

因此，《好好说话》聚焦职场沟通、社交活动、情感沟通和公众演讲等各类常见场景，每期节目均以故事化、场景化的案例开场，以具体的生活例子拉近与听众的距离，将表达与沟通的技巧通俗易懂地传达出来，如《怎样拒绝还价》《被辞退，咋应对》等音频内容，都非常有实用性。

3. 逻辑系统化

与同类节目相比，《好好说话》的优势在于其逻辑的系统性。每一期音频内容的整体逻辑系统是开头提出观点，中间用事例展开，最后做出实用性总结，结构清晰，内容系统有条理。横向对比同类教授说话的广播节目，《樊登：可复制的沟通力》讲解内容不固定，带有一些随意性，有即兴发挥的内容；《老梁教你会说话》内容较宽泛，强故事性的内容也冲淡了节目主题。❶

---

❶ 陈晓烨. 基于知识付费的音频自媒体节目研究 [D]. 杭州：浙江传媒学院，2019：27.

《好好说话》逻辑的系统化一方面在于其主讲人大多辩论出身，说话逻辑性、条理性更强；另一方面，《好好说话》每一期节目标题都会分别标记演说、沟通、说服、谈判和辩论这五个词组的其中之一。换言之，节目内容是严格按照预设的主题展开的，避免了因跑题、即兴发挥带来的对节目整体逻辑系统的破坏。

（二）移动音频时代广播节目的发展趋势

《好好说话》节目内容专业化、场景实用化、逻辑系统化的特点，是大部分移动音频时代广播节目的共性，如《蒋勋细说〈红楼梦〉》等节目都有上文提到的特质，这些共性特质也在一定程度上反映了整个市场的发展趋势。

1. 内容趋向细分化、专业化和实用化

细分化、专业化及实用化是移动音频时代广播节目在内容生产上的必然发展趋势，如理财、职场、教育等热门领域，已经出现了从大众化走向细分化的趋势，这些细分领域也出现了越来越多的音频节目。但由于垂直细分的知识仍过于广泛，垂直领域的知识内容则需要更专业，才能获得忠实用户，也能避免陷入内容同质化的牢笼中。❶

在保持专业化的同时，广播节目也要更加注重听众的需求，能够让听众获得更切实利益的节目才能收到听众的欢迎。例如，《好好说话》在内容上就遵循了这一点，其话题所涉及的升职加薪、情侣沟通、熟人社交、家庭交流等内容，实用性都非常强，通过用户的收听、订阅数据，也能看出用户对实用的《好好说话》的喜爱。

---

❶ 冯宇飞. 喜马拉雅 FM 的知识生产与传播研究 [D]. 呼和浩特：内蒙古大学，2018：60.

2. 合作式的内容制作与推广

《好好说话》采用的是专业内容生产团队，即马东的米未传媒和"喜马拉雅"平台合作的方式来进行内容制作与推广的。上文提到移动音频时代的广播节目内容趋向于专业化，因此广播节目从编辑策划到制作等一系列的流程，都需要更专业化的团队来完成，网络音频平台对于细分化、专业化的内容生产是困难的。而"喜马拉雅"这样的平台大多对商业推广和宣传工作比较擅长，而对于内容的发展走向不能准确把握，专业的内容生产团队也确实需要能够让广播节目得到充分曝光的渠道。因此，这种"专业＋平台"的合作方式，一方面可以保证内容的生产质量，另一方面可以使内容得到最好的宣传推广 ❶，二者合作共赢，共创优质节目。

3. 节目时长的缩短与付费内容的增多

移动互联网背景下，人们的信息获取是一种碎片化的状态，人们往往利用零碎时间进行短、平、快的信息接收，接收时间也更灵活短暂。解放眼睛的广播节目利用单一的听觉传播，在短时间内集中受众注意力，传播信息，恰恰契合了当下大众对信息需求的现状。❷

《好好说话》每期节目都短小精炼，时长大多在 6 ~ 8 分钟。且"喜马拉雅"采用音频点播的方式，让听众自己选择合适的收听内容和时间。移动音频时代的广播节目大都利用听众的碎片化时间，达到节目的传播目的。

与节目时长越来越短相反的是，付费音频内容越来越多，这也从侧面说明广播节目的品质越来越好，才会让这么多付费内容得以维系。传统广播节目的主要盈利是依靠广告的，广告营收无疑是广播产品或平台最便捷

---

❶　尹倩.从受众需求角度看数字有声读物的内容发展——以《好好说话》为例 [J].视听，2018（02）：215-216.

❷　唐崇维，黄君.网络知识类脱口秀音频节目的生产研究——以《矮大紧指北》为例 [J].视听，2020（09）：49-51.

也最成熟的商业变现模式之一。但正如网易云音乐副总裁丁博所言，"广告的价值是有极限的，如果为了接近这个极限伤害了用户感受，那就是得不偿失"。❶ 正视无法准确拿捏广告价值的极限，越来越多的广播节目才转向了付费订阅的商业变现道路。国内付费获取知识内容的消费习惯正处在培育期，依靠内容付费盈利，关键还是在于内容质量，这也是前提。

以《好好说话》为代表的移动音频时代的广播节目在内容上趋向细分化、专业化和实用化，更多选择与网络音频平台方合作共创，越来越短的节目时长也更符合当下听众碎片化获取信息的现状，广播节目也在积极探索依靠内容付费盈利的商业变现模式。

广播还有太多潜力未被发掘，在移动音频时代，可借助网络音频平台、节目来探索广播与新媒体的融合发展。通过《好好说话》也让我们看到了未来广播节目良好的发展态势，广播业势必会在新媒体环境下发挥更重要的作用。

1. 广播的智能终端将朝向何种趋势发展？

2. 广播还有哪些待开发的收听场景，这些场景如何与广播有益地融合？

3. 阿基米德、蜻蜓 FM、喜马拉雅、荔枝以及凯叔讲故事，哪个网络音频平台的布局走向更能使其长远发展？

4. 网络音频平台发展的共同趋势是什么？

5. 有人认为，《好好说话》的主讲团队多为《奇葩说》辩手，他们仅仅是"会说话"而不"专业"，对此，你如何看待？

6.《好好说话》《樊登：可复制的沟通力》《老梁教你会说话》这些同类型产品的定位有什么不同？他们的运营策略又有哪些不同？

---

❶ 亿欧网. 网易云音乐或成独角兽，但移动音频付费仍未破局 [EB/OL]. （2017-04-12）[2020-11-05].http://www.woshipm.com/it/635135.html.

第三节 广播广告的创意与策划

音频二维码、大数据等技术的兴起与应用，使得广播广告的形式和投放都发生了巨大的变化。这些迭代升级的技术，为创新广告表现形式，挖掘用户海量信息，数据整合搜集，提供了有力的后台保障，使广播广告的表现形式更加新颖，广告投放也更加精准。

一、广告形式场景化：音频二维码技术的运用

广播广告可以与新媒体联动，创新广告的表现形式。例如，利用音频二维码技术，在音频流中内嵌超链接，一旦超链接被播放框架识别并解析，用户界面也会随之改变，以展示该链接的信息、告知用户该超链接的存在，可以让设备执行其他动作。利用音频二维码技术可以在音乐里植入富媒体内容，或是植入音频广告，还可以实现与用户其他设备的打通。简单来说，就是在音频广告中植入音频二维码技术，可以让音频广播程序关联到听众可能感兴趣的信息，或者在用户的移动终端上，实现广告内容或网页的跳转。

音频二维码技术在国内外都有实际应用，例如苹果公司的 Audio Hyperlinking 和中国 139ME– 苹果派旗下的"蛐蛐儿"。❶当用户在听广播广告时，可能对某品牌产生购买欲望，但通过打电话购买或搜索等其他较为复杂的交易渠道，容易造成他们在内的部分用户流失。但利用音频二维

---

❶ 网易科技报道 .AdTime：音频广告如何叫醒市场的耳朵 [EB/OL].（2015–08–10）[2020–11–07].http://tech.163.com/15/0810/10/B0LBKK5G00094P25.html.

码的技术，可以在用户听完广告后，直接将订购信息加载到用户手机中，再利用支付宝、微信等渠道进行购买，打通了销售场景。

再如，2016 年北京广播电台的春节节目中，仿照微信"摇一摇"的语音识别功能，增加了摇一摇抽奖互动环节，共激发了 141 万余次的用户参与，每摇一次，都会生成产品广告页面，广播中同时播报广告主赞助的奖品信息，完成了近 160 万次的互动广告参与。❶

广播逐渐将诸如二维码、"摇一摇"等新媒体技术运用到广播广告传播链中，契合当下用户媒介接触习惯，广告形式新颖、生动，达到了很好的传播效果，也得到了广告主的认可。

二、广告投放精准化：大数据形成"千人千面"

在移动互联网下，基于大数据的精准投放也可在广播广告中大显身手。利用大数据技术投放广播广告的优势体现在两个方面：一是广告投放效果数据可监测，二是通过大数据和用户画像实现面向特定人群的精准定向广告投放。

2017 年，"阿基米德"上线了"千人千面"功能，对用户的使用痕迹进行跟踪分析，根据用户前 5 分钟的点击和选择及用户的地理位置，分析其偏好❷，形成用户画像，以帮助广告主实现面向特定人群的精准定向广告投放做准备。此外，泰一传媒（AdTime）创新研究院就已经形成了音频广播广告的大数据系统，并集成到 DMC 数字营销全案咨询服务平台，目前已服务于多个行业的用户。

❶ 岳文玲 . 媒体融合背景下我国广播广告优化策略研究 [D]. 乌鲁木齐：新疆大学，2019：31.

❷ 网易科技报道 .AdTime：音频广告如何叫醒市场的耳朵 [EB/OL].（2015-08-10）[2020-11-08].http://tech.163.com/15/0810/10/B0LBKK5G00094P25.html.

在精准投放方面，央广广告公司推出了"甲方数据营销"，广告主可以在"中国之声"与"经济之声"两个频率进行多版本的体验式投放。广告主还可以对广告版本与播出点位进行调整，并通过自身进行效果评估，最终决定广告的播出版本与时间点位，在精准化营销的同时，又具有了中国之声、经济之声全国覆盖的规模优势，实现了规模与精准的结合。❶能够实现广播广告精准投放的大数据技术将被越来越多地运用到广播营销、推广等环节中，提高广播电台和广告主的双赢。

三、广告购买程序化：广播广告购买新趋势

将多家音频内容生产方聚合在作为需求方平台（DSP）的程序化购买平台上，便于广告主的集中购买，正在成为未来广播广告的购买趋势。

2014 年，英国 Global 商业广播公司推出了 DAX 程序化音频广告交易平台，将原本是作为竞争对手的广播、音频流平台、播客平台等各类音频内容生产商汇聚在 DAX 平台上，广告主可以通过程序化的方式，在平台上购买各类音频广告资源，实现自动化交易。从 2014 年推出至 2017 年年中，DAX 程序化广告交易平台签订了约 250 家数字化音频内容生产商；2016 年，英国超过 50% 的数字化音频广告收入是通过程序化的方式交易的。❷DAX 在一年内就实现了原定的三年营收目标，是音频内容生产商将数字化音频进行变现的主要渠道。

2016 年，iHeartMedia 搭建了美国第一个私有的数字化音频程序化购买平台。2018 年，iHeartRadio 开发了 SmartAudio 等一系列程序化广告产品，

---

❶ 岳文玲 . 媒体融合背景下我国广播广告优化策略研究 [D]. 乌鲁木齐：新疆大学，2019：28.

❷ 张晓菲 . 打造数据驱动的广播——国外广播公司基于用户定向的数字化营销模式研究 [J]. 传媒，2019（05）：59-63.

将广播的规模和数字化营销精准结合起来，SmartAudio 是一个以数据为中心的广告产品，能够让广告主基于 700 多个用户特征进行用户定向，购买旗下 850 余家广播电台的广告。❶

程序化购买广告是以大数据技术为基础，搜集目标群体数据并进行精准定位，从而实现定制推广，借助基于智能算法打造的后台系统完成广告匹配、广告投放及竞价购买。与传统广告交易相比，程序化购买的最大优势就是能够帮助广告主实现广告营销的精准触达。程序化购买可以将每个单一的展示机会在适当的情境中推送给有特定需求的消费者，达到自动化投放广告，精准触达的效果。

大份额的广播移动端收听市场，为程序化购买广告提供非常便利的数据追踪，在用户定位、识别、分析上，移动端为广播提供的丰富多元的广告传播形式成为其与程序化购买结合的基础，形成了广播广告传播链中的新价值。

1. 还有哪些广播广告新技术的案例？

2. 广告是否是广播得以生存的根本，现阶段广播广告的发展是否能够支撑广播媒体的转型升级？

❶ 张晓菲 . 打造数据驱动的广播——国外广播公司基于用户定向的数字化营销模式研究 [J]. 传媒，2019（05）：59–63.

第二章　电视的创意与策划[*]

第一节　新闻节目的创意与策划

一、中国式"锐"评:《国际锐评》登上热搜

央视《新闻联播》被称为是"中国政治的风向标",其节目宗旨为"宣传党和政府的声音,传播天下大事"。随着新媒体时代的到来,信息传播渠道越来越多元化,传统主流媒体纷纷寻求创新。

自 2019 年 6 月《新闻联播》改版以来,央视《国际锐评》作为《新闻联播》针对国际事务的新闻评论栏目,接连登上微博热搜榜。犀利、慷慨激昂又不失风度的"神评论"频繁出现在公众的视野中,迅速引发了大众的关注。

2020 年 7 月 25 日,主持人康辉掷地有声地播报了一篇名为《究竟谁在全球到处欺侮恫吓他人?》的国际锐评,提到美国 100 多名所谓对华强硬派人士最近污蔑我国"利用综合国力欺侮和恫吓他人",这些人声称:

---

[*] 本章主要聚焦于电视节目的创意策划,由于网络视频节目与电视节目密不可分,因此也涉及部分网络视频节目。

数字媒体创意与策划专题研究

"在美国的政治体制中，政治是常态，战争是例外，而中国恰恰相反"。锐评一针见血地指出："这一观点，荒唐得令人喷饭。"并进一步用一个个事实来批驳这一观点，"中国最新发布的《新时代的中国国防》白皮书明确'永不称霸、永不扩张、永不谋求势力范围'为新时代中国国防的鲜明特征。反观美国自1776年建国至今，200多年里，有90%以上的时间在打仗。2018年美国军费支出超过6400亿美元，高居世界第一，是排在其后8个国家军费的总和。"不久后，"央视新闻"官方微博发布了经过剪辑配乐后的这段视频，并配文"今天的《新闻联播》在饭点儿，讲了件荒唐事，大家听了可千万别'喷饭'啊"，引爆舆论场。"喷饭"的锐评被微博各大V转发，从微博扩展到其他社交媒体平台，在第一时间登上各大媒体平台的热搜榜。"喷饭"也作为金句迅速走红网络。其他主持人在之后锐评中提到的"裸奔""雷人"等词汇，也连续几日登上热搜。❶

《国际锐评》处处体现出"锐"的特点。这个"锐"代表了三层含义。其一，是表现形式上的"锐"。剪辑传播从细节入手，以1~3分钟短视频的方式进行表达，充分展现了其快速传播的优势，适合社交媒体传播特点。其二，是观点上的"锐"，面对复杂的国际形势，《国际锐评》传达出中国态度与中国立场。其三，是语言上的"锐"，《国际锐评》兼顾40多种不同语种的播报速度和音频输出，评论字数只控制在1500~2000字左右。同时，按照新媒体内容的排版设计，采用短段落，对关键词、重点语句进行标注。❷锐评多用短小精悍的四字词语代替繁杂的语句，锐利的表达方式让受众沉浸其中，尤其符合青年人的文化特点。

---

❶ 宁新雅.《新闻联播》中新闻评论的创新发展研究 [J]. 卫星电视与宽带多媒体,2020（06）：185-187.
❷ 李岚，史峰. 突发公共事件中主流媒体"微评论"效能分析——以总台《央视快评》《国际锐评》战"疫"评论为例 [J]. 电视研究，2020（06）：22-26.

（一）主动融入社交媒体

《国际锐评》的"锐"首先体现在表现形式上，1～3分钟时长，适合与社交媒体联动，进行碎片化传播。在"互联网+"和新媒体技术发展的作用下，有效推动主流媒体与社交媒体的融合、加强各个平台之间的联动，使之获得了更加广阔的发展空间。

1. 创新平台联动，优化传播方式

《国际锐评》中各种金句的走红，首先，《新闻联播》在表现风格、文风、语态等方面实现转变的结果，更"接地气了"。其次，得益于编辑人员充分利用了传统媒体与微博、微信等社交媒体平台的有效联动，根据不同年龄受众的收视习惯，截取《新闻联播》中《国际锐评》的重要选段在"央视新闻"官方微博发布，吸引更多青年群体的关注。最后，在传播方式上，体现出主流媒体不断适应社交媒体特点、积极创新融合的新态势。和电视新闻节目传统的播报不同，《国际锐评》在社交媒体平台传播，特别是在抖音、快手平台传播时，打破了只使用现场声和同期声的传统做法，在画面中加入了符合事件主题的背景音乐。[1]视听呈现与传播方式的大胆创新，让所制作的短视频综合了视频、文字、音乐等多种视听元素，充分考虑受众的需求，比传统的电视传播更能吸引年轻受众的关注。

2. 碎片化传播，提升传播效果

《国际锐评》的时长非常符合社交媒体碎片化的传播特点。将《国际锐评》乃至《新闻联播》最精华的部分剪辑成小的片段，配上音乐在微博等平台投放，能够实现传统媒体与社交媒体平台的有效对接，完成从长视频到短视频、横屏到竖屏的转化。截至"喷饭"视频发布一周内，央

---

[1]　向延桃.新媒体环境下传统主流媒体的创新策略——以央视《新闻联播》节目为例[J].新媒体研究，2020，6（20）：107-109.

视《国际锐评》累计转发 5.2 万次，引来众多网友留言、转发、点赞。"新闻联播，康辉喷饭""荒唐得令人喷饭"等话题更是第一时间登上热搜榜。微博话题"荒唐得令人喷饭"阅读量 6.5 亿，讨论 9 万。❶借助于微博、抖音等新媒体平台的二次传播，使受众群体得以扩展，吸引了更多青年群体的注意，传播效果也得到进一步提升。

（二）明确提出中国立场

《国际锐评》关键在观点的"锐"，这些铿锵有力的评论准确地表达了中国立场，提出了中国立场，发出了中国声音。

1. 以刚性表达，体现责任担当

在 2020 中国新媒体大会"聚焦新生代　赋能新生态"分论坛上，中央广播电视总台新闻新媒体中心客户端部副主任唐怡曾说道："《新闻联播》还是那个《新闻联播》，该高大上的绝不低姿态，该接地气的也绝不端架子。"《国际锐评》以幽默而犀利的言辞，传达出刚性态度，体现了主流媒体的担当，很好地诠释了这一点。2019 年 7 月 26 日，针对美方污蔑中国"一带一路"倡议为"债务陷阱"，《新闻联播》发表《美国是全球合作发展的绊脚石》的国际锐评，以"怨妇心态""羡慕嫉妒恨"和"满嘴跑火车"等词语直接讥讽美方为当今世界做卑鄙勾当的样本。2020 年 6 月 19 日，《新闻联播》针对新疆反恐问题发表锐评《新疆反恐又出铁证，美国政客还想装聋作哑到几时？》，"奉劝某些走火入魔的美国政客，趁早摘下有色眼镜，收回为暴恐张目、干涉新疆事务的黑手，否则只会引火烧身，必遭反噬。"在紧张的国际关系中，国家广播电视总台与《新闻联播》作为一种意见领袖，通过《国际锐评》塑造了我国主流媒体的权威形象，体现了国家

---

❶ 姚文华. 央视《新闻联播》硬核评论带来的舆论狂欢研究——以国际锐评三次登上微博热搜为例 [J]. 新闻论坛，2019（05）：87-89.

级媒体应有的责任担当，表达了民众对国际上一些不实报道和言论的不满情绪，对引导舆论起到了重要的作用。

2. 以中国态度，发出中国声音

作为国家级媒体，国家广播电视总台与《新闻联播》是党和人民的耳目喉舌，《国际锐评》以中国态度，发出中国声音，表达了中国立场。面对中美贸易战，在《新闻联播》中，主持人康辉播报了《中国已做好全面应对的准备》的锐评："对于美方发起的贸易战，中国早就表明态度：不愿打，但也不怕打，必要时不得不打。面对美国的软硬两手，中国也早已给出答案：谈，大门敞开；打，奉陪到底。"明确、直接地传达出中国对于此事的态度。❶ 面对新冠肺炎疫情的突然来袭，疫情初始，中国实施了有力的防控措施，而有些西方媒体攻击中国"反应过度"甚至"侵犯人权"❷。《国际锐评》指出"这一说法是典型的乘人之危、落井下石，是打着人权之名抹黑中国，已经丧失基本的医学伦理道德"，并明确表示"多措并举的背后，是中国政府始终坚持以人民为中心的执政理念，是对人民群众生命健康的高度负责"。面对西方政客、学者不时抛出的不实信息，故意捏造的谎言，《国际锐评》给予有力回击："在事关民众生命的关键问题上保持沉默、无动于衷，却花费精力大肆宣扬谎言、四处'甩锅'，这或许就是美国抗'疫'失败的根本原因。"《国际锐评》在全球抗疫背景下的舆论战中，立场坚定、有理有据，敢于发出中国声音。以主流媒体为代表的中国言论，也赢得国内外受众的强烈支持。

---

❶ 庄衡.《新闻联播》突然火爆下的新闻评论分析 [J]. 新闻研究导刊，2019，10（16）：98，100.

❷ 李岚，史峰. 突发公共事件中主流媒体"微评论"效能分析——以总台《央视快评》《国际锐评》战"疫"评论为例 [J]. 电视研究，2020（06）：22-26.

（三）积极建构平民话语

《国际锐评》的"锐"还体现在语言的运用上。《新闻联播》一直以来都以庄重严肃的官方姿态展现在受众面前，而《国际锐评》接地气的"神"评论的出现，用年轻人听得懂、愿意听的语言，打破了国家级媒体的刻板印象。《国际锐评》除了前面提到的语言上短小精悍的特点，还尝试了以下方法以增加"锐"的效果。

《国际锐评》经常使用古语、俗语、歇后语等形式，诸如"以小人之心度君子之腹""满嘴跑火车""羡慕嫉妒恨"等。诗句、古语、俗语的使用，能够从喜闻乐见的作品中寻找点睛之笔，引发受众的共鸣和讨论。2020 年 5 月 12 日，《国际锐评》在抨击美国政客冷战思维，刻意抹黑攻击他国时，"他横由他横，明月照大江"一语惊人。此评论一周内在抖音短视频平台中累计获得了 133.9 万点赞。"他横由他横，明月照大江"出自金庸长篇武侠小说《倚天屠龙记》里九阳真经的口诀，既通俗易懂，又恰当表明了中华民族历史上经历过无数磨难，但从来没有被压垮过，而是愈挫愈勇，不断从磨难中成长，从磨难中奋起，直面威胁与讹诈的信心。

评论语言风格的转变，使原本晦涩难懂的书面语言变得更容易被大众接受。平民化的表达，更富有人情味，更加贴近老百姓尤其是年轻人，有利于吸引更多不同层次阶段的受众关注。

《国际锐评》以中国式"锐评"，主动拥抱新媒体，积极建构平民化的话语表达，对国际问题明确地提出中国立场、发出中国声音，真正实现了权威声音走向大众，使得国家级传统媒体在新媒体的包围中突围而出，最大限度地增强了传播效果。

二、央视积极打造媒体融合：慎海雄台长专访普京

2018 年 6 月 6 日，中央广播电视总台台长慎海雄专访俄罗斯总统普京的报道通过全网转发，引发刷屏效应和各界热议。这是普京于 2018 年 5 月 7 日就任俄罗斯新一届总统后首次接受国外媒体专访，也是他首次在克里姆林宫接受中国媒体专访。

在持续了约 40 分钟的采访中，普京讲述了他对习主席的印象，回答了他在《国情咨文》中提出的"俄罗斯梦想"与"中国梦"的异曲同工之处，展望了中俄关系以及上合组织扩员后的前景，并就"一带一路"倡议、朝鲜半岛问题等国际热点、俄罗斯与西方国家关系等问题作了回答。这次专访不仅"干货"很多、精彩纷呈，也成为 2018 年 6 月上合组织青岛峰会前后的重要消息源头和持续话题。从传播效果来看，此次专访作为"新闻界的新闻"，引发国内外传媒业界热议。

作为高端访谈报道的经典案例，这次报道在强化议题设置、展现中国立场、锤炼沟通技巧、升级传播思维、融合传播手段、强化品牌建设等多个维度均取得重要突破，堪称国际新闻传播领域的一次成功创新和实践，在中国当代新闻传播史上留下了独特印记。❶

（一）议程设置：增强全媒体传播"热点"

议题设置通常指媒体基于某种传播目标，针对某一类或某一个问题集中报道，以影响公众价值判断，从而赢得舆论主动权和优势话语权。好的议题设置应抓住新闻事件最本质的内容，体现报道的主动性、针对性。

---

❶ 严文斌，赵宇.论新华社社长蔡名照专访普京的传播创新与实践价值 [J].中国记者，2016（09）：10-12.

慎海雄向普京提的问题涉及中俄政治、经贸、人文等领域合作。除此之外也提到了一些比较轻松的话题，转变访谈严肃的氛围，并且在提出问题时注意对被采访者的引导。❶ 在提到上海合作组织成员国理事会在青岛举行时，慎海雄问道："您有兴趣去品尝一下青岛的海鲜和啤酒吗？"将话题转移到美食上，自然而然拉近了两者之间的关系，同时也增加了话题的趣味性。包括慎海雄在后面问到关于世界杯的问题，以及征集的网民问题，都具有一定的趣味性，这有利于调动被访问者的情绪，使得访谈整体氛围较为欢快。几个问题，环环相扣，层层递进，为普京提供全面阐述中俄关系发展的机会。通过议题设置，抓住了中俄利益交汇点、话语共同点、情感共鸣点，达到了在访谈中巧妙引导对话者的目的，实际上是通过普京之口，向全世界传播了中国立场、发出了中国声音。普京的回答，不仅是他本人对中俄关系的评价，也与中国对两国关系的期待和关切相契合。

（二）话题传播：运用全媒体传播渠道

　　框定采访重点、确定碎片化传播形态，最重要的是，要从 40 分钟专访的内容中提炼出最适合新媒体平台呈现的干货，在最短最快的时间内迅速抓住用户眼球，吸引受众驻足，达到传播效果。❷

　　2018 年 6 月 6 日 6 时，一篇题为《中央广播电视总台台长专访普京都聊了什么？》的特稿，在"中俄头条"新媒体客户端首发，随后通过中央广播电视总台旗下的新媒体、广播、电视分梯次、分体裁、分平台有序投放。专访普京总统成为当天传播最广的热点。而央视新闻客户端主推的 3

---

❶　王一帆. 口语传播在国际传播中的作用——对中央广播电视台台长专访普京的分析 [J]. 声屏世界，2018（10）：19-21.

❷　总台台长慎海雄专访普京侧记：彻夜奋战只为最后的精彩 [EB/OL]（2018-06-08）[2021-03-18].https://mp.weixin.qq.com/s/xiIe5Pc9QPuFwo6qNMDZVg.

条微视频"竖版微视频：有一种'网红'叫普京""克宫采访相册""这是一份来自普京总统的签名礼物"的播放量 5 小时即破百万。中央广播电视总台所属各新媒体平台也发挥各自优势，就不同受众展开分发报道。

与此同时，俄罗斯各大主流媒体、新闻网站也从不同方面对本次专访进行了多角度的报道与解析。俄罗斯三大通讯社、"今日俄罗斯"、《消息报》等主流媒体转载、引用采访中的精彩内容，"与哪国领导人共庆生日"等话题当天在俄罗斯最大搜索引擎网站占据俄罗斯新闻榜榜首位置。这样反响的报道无疑起到了推波助澜的作用，将触达更广泛的目标受众群体。

（三）发挥优势：打造全媒体矩阵传播平台

从此次专访报道过程中体现的新闻传播新动向、新模式中，不难看出，在媒体融合发展的新时代，渠道资源已成为衡量一家媒体影响力的重要标准。同时，这次报道也是一次难得的融媒体路演，让传媒界有机会一窥央视在打造多平台、集成渠道资源领域的最新成果。❶

在普京专访报道播出后，央视新闻客户端专门开辟了动态直播窗口，图文并茂持续跟进；对境外主流媒体特别是俄罗斯本地媒体报道此次专访活动的反馈消息累计更新、编译 20 条次，从第三方视角还原、复现专访现场。然后发挥视频优势，此次专访的报道无论是新媒体微视频还是电视专访，都体现了中央广播电视总台在专业视频制作方面的领先水平。6 个现场机位精准捕捉现场每一个瞬间，6 天后期制作用心打磨每一帧画面。接着，探索"横屏＋竖屏"新模式，例如，率先采用竖屏版式拍摄，即传统摄像机拍摄电视端 16∶9 画面；新媒体专供 5D 机位以 9∶16 的比例拍摄手机端画面，并从拍摄、剪辑、播出全流程进行竖版视频处理，最终借

❶ 龚雪辉.全媒体传播：一次教科书式的人物专访——中央广播电视总台专访普京总统报道案例评析[J].电视研究，2018（09）：15-17.

53

力平台优势以海报、H5 等多种方式直抵终端受众，给新媒体用户提供最佳视觉体验。最后，突出"全台一盘棋"整体运营理念。例如，新媒体特稿由"央视新闻"微信团队创作，由中国国际广播电台旗下平台首发；播发专访长版电视节目的《面对面》栏目改变原定播出安排，改在 2018 年 6 月 6 日（周三）首播。

1. 新闻节目应该如何更好地利用新媒体进行传播？
2. 中央广播电视总台成立以后，其电视新闻类节目有哪些创新？

第二节 音乐选秀节目的创意与策划

音乐选秀节目，是以音乐为主要表现内容，以真人舞台表演为表达方式，通过淘汰竞争手段来进行优秀音乐人才选拔的节目类型。❶ 我国的音乐选秀节目最早可以追溯至 1984 年中央电视台创办的《CCTV 青年歌手电视大奖赛》，但音乐选秀节目被大众广泛熟知要得益于《超级女声》的播出。从《超级女声》到 2020 年《乘风破浪的姐姐》，我国的音乐选秀节目经历了多年的演变发展，节目形式不断创新突破，成为颇受观众喜爱的一类节目。

在 2003 年《超级男声》、2004 年《超级女声》获得成功的基础上，湖南卫视 2005 年的《超级女声》，一经播出便引发了一场"全民狂欢"，火爆程度至今令人记忆犹新，我国的音乐选秀节目自此进入最火热的一个阶

---

❶ 徐艺菲 ."互联网 ＋ 电视"打造音乐选秀节目新模式 [J]. 新闻战线，2016（08）：95-96.

段。一段时间里大量的音乐选秀节目霸占荧屏，各大卫视为抢夺观众展开激烈的竞争，央视的《梦想中国》《星光大道》、湖南卫视的《快乐男声》《快乐女声》、上海卫视的《加油！好男儿》《我型我 SHOW》以及江苏卫视的《绝对唱响》等节目纷纷出现，李宇春、张靓颖、周笔畅、张杰等优秀歌手都出道于当时的这些音乐选秀节目。

随着音乐选秀节目不断涌现，竞争不断加剧，节目中出现的过度娱乐化、无序竞争、恶意炒作、投票黑幕等问题引起各方关注，2007 年国家广播电视总局发布了《广电总局进一步加强群众参与的选拔类广播电视活动和节目的管理的通知》（简称《通知》），《通知》中的一些规定直击这些选秀节目的要害问题，严格的管控机制导致我国音乐选秀节目一度陷入低迷期，大量节目在这一时期停播。经过一段时间的沉寂与反思，2012 年《中国好声音》的出现使得该类型节目再次回归观众视野，引发了音乐选秀节目的又一次发展热潮。这一阶段我国的音乐选秀节目在借鉴国外模式的基础上，对节目流程、节目内容进行创新，突破了《超级女声》时期音乐选秀节目的单一模式，节目类型可谓百花齐放，《我是歌手》《蒙面歌王》《我想和你唱》《跨界歌王》等节目相继播出。

一、音乐选秀类节目演进史

（一）从唱歌到歌词：《我爱记歌词》的另辟蹊径

《我爱记歌词》节目将记歌词作为节目的记忆点，一跃成为我国音乐选秀节目发展史上的经典节目之一。

《我爱记歌词》引进自美国的《合唱小蜜蜂》节目，由浙江卫视在2007 年 9 月制作播出。这档节目的核心创意主要表现在以下几个方面。

首先，是考核内容的转变。节目从考核选手的歌唱水平到记忆歌词的水平，改变了我国音乐类节目长久以来的主要形式。节目既不要求选手的唱功，也不需要有丰富的舞台经验，只要能接对歌词就能顺利过关。两种截然不同的考核内容，让更多喜爱音乐但专业水平有所欠缺的观众有了展示自我的平台，节目通过给予这一群体表达自我的机会，扩展了新的节目受众，顺应全民参与的趋势。

其次，节目在创新的同时仍保留了音乐节目的音乐元素。一方面，节目以"当熟悉的旋律响起，你是否应声歌唱？"作为口号，在歌曲的选择上以一些传唱度较高的经典歌曲为主，这类歌曲选手接唱成功的概率较高，并且电视机前的观众同样能参与到节目中和选手一起接唱，产生较强的代入感，形成节目与观众的良好互动。另一方面，节目设置了领唱组，这一设置使节目不会因为选手演唱不专业失去音乐节目应有的专业性，领唱组的设置充分保证了节目的音乐元素，并且思琦、袁野、王滔等领唱员也因这档节目迅速走红。

最后，节目利用当时流行的"卡拉OK"形式进行接唱，也获得了观众的青睐。"卡拉OK"本来就是中国老百姓非常喜爱的娱乐形式，这为节目的互动提供了良好的基础。节目进行过程中，民众不仅仅是节目的观看者，而更多地成为节目的直接参与者。❶并且节目在环节设置上也有益智类节目的影子，节目曾设置"开箱"环节，选手每答对一道题就可以开一个箱子，而箱子里有价值不等的奖品。这样的创新使节目在增添游戏性质的同时也引入了悬念感，丰富了音乐类节目形式。

这档节目中既没有专业的导师参与，也不考验参与者演唱水准，而是借助记歌词这个低门槛、易传播的方式来吸引受众的眼球。从某种层面上看，这个节目更加考验选手的记忆力。《我爱记歌词》在众多的歌唱类节

---

❶ 刘倩.K歌节目兴起原因探析 [J]. 今传媒，2009（10）：47-49.

目中另辟蹊径，摆脱艺人的光环效应和对选手歌唱能力的要求，将"歌词"作为节目的节目重点，同时将公益元素融入节目中，既满足了观众展示自我的欲望，也体现了节目的温度和情怀。

新颖的节目形式和低门槛的参与方式使这档节目火爆荧屏，但这档节目也存在着一些问题，首先，节目环节改动过于频繁，导致无法形成鲜明的节目标识，难以给观众留下深刻的印象。如在 2012 年播出的三期节目中，第一期节目环节为"大牌来领唱"和"演唱蓝巨星"，第二期变为"大牌来领唱"和"决战 200 秒"，紧接着第三期又变成"好友来出题"和"copy 不走样"，频繁变动的节目环节让观众很难产生熟悉感。其次，节目播出后期逐渐背离全民参与的理念，模仿选秀节目推出谍战季节目，设立评委，邀请娱乐艺人作为节目主角参与节目等，在 2014 年时甚至取消了领唱组领唱这一经典环节。

《我爱记歌词》的火热发展，引发各大卫视的效仿，一时间《谁敢来唱歌》《挑战麦克风》《今夜唱不停》等十几种同类节目纷纷涌现，节目同质化现象越来越严重，而这类节目没有及时进行创新和调整，短暂的繁荣后便再无法吸引观众，进而逐渐走向衰落。

（二）从草根到艺人：《歌手》的艺人对决与《梦想的声音》的星素飙歌

《超级女声》是一场真正属于草根的狂欢，即使唱功有限，只要敢于表达，就有机会登上电视，如此简单的比赛要求为平民阶层提供了被"看到"的机会，2005 年超女报名人数达到 15 万人，节目异常火爆。❶ 但到了发展后期陆续出现无序竞争、投票黑幕等负面问题，即便监管层加强监管，观众也不再买账。在此背景下，音乐选秀类节目开始进行创新探

---

❶　于炯. 从颠覆性狂欢到价值建构中的娱乐升级——中国电视音乐选秀十年变迁 [J]. 北京社会科学，2015（03）：89-95.

索，选手开始变得更具专业水准、更善于舞台表现。除此以外，也有一些节目将原本担任评委、导师等角色的艺人变成参赛主角，《歌手》《梦想的声音》以及热播的《乘风破浪的姐姐》则属此类。这些节目将明星们拉下"神坛"，让明星变成"普通人"，接受大众的评判，由导师到选手的巨大转变让观众耳目一新，"艺人大众化"的形式也为节目赚足了眼球。

1.《歌手》的艺人对决

《我是歌手》引进自韩国 MBC 公司，由洪涛团队打造，自 2013 年播出以来保持了较高的收视率、微博同名话题阅读量和讨论量。第五季时，该节目正式更名为《歌手》，于 2017 年 1 月播出。❶《歌手》对节目赛制和形式进行了全新的升级和改变，邀请的歌手也拓宽到世界范围，但是明星间的同台竞技始终是节目的最大看点。

节目邀请了 7 位艺人作为首发歌手出场，每期 7 位歌手演唱完成后，音乐串讲人会逐一公开竞演票数和排名，总得票率最低的歌手则面临淘汰，由新加入的选手代替其位置。这 7 位歌手区别于以往音乐选秀节目的草根歌手，他们都是有着较大影响力的艺人，例如第一季的首发歌手为黄绮珊、沙宝亮、尚雯婕、陈明、齐秦、黄贯中，他们各自代表了不同时期、不同领域的音乐风格。这些本身已经坐拥无数粉丝的艺人们褪去光环，以普通选手的身份参加比赛，接受现场 500 位大众听审的评判。正是普通观众和艺人位置的这种转变颠覆了以往音乐选秀节目的形式，这让《歌手》在众多的节目中脱颖而出。

为避免粉丝仅凭对艺人的喜爱程度进行投票影响到节目的公平性和公正性，该档节目采用了报名申请和回访的形式严格选拔了 500 位不同年龄段的大众听审。作为节目"评审官"的这些大众听审并不是传统意义上的

---

❶ 魏潇潇 . 新媒体语境下《我是歌手》的节目模式创新变 [J]. 当代电视，2019（08）：26-28.

粉丝，都是具有一定音乐审美能力的乐迷，是懂欣赏音乐的"知音"观众。听审的严格选拔标准有效避免了观众对"黑幕"问题的担忧。这样的设置强化了艺人之间专业实力的对抗，使得音乐选秀节目重回对音乐本身的重视，节目水准也得到了认可。

《歌手·当打之年》中，节目还设置了"奇袭"环节，每期节目录制时增加三位奇袭歌手，每场节目只有两次奇袭机会，如若没有抢到机会则无法上台表演。奇袭歌手可以在任意一位歌手的演唱过程中发起奇袭挑战，发起奇袭的该名歌手将紧随被奇袭的歌手后面演唱，演唱结束后，由现场500位大众听审投票决出两人的胜负。这些奇袭歌手大多为一些新生代的歌手，无论是出道时间还是知名度都与节目中原有的7位歌手有一定差距，但正是这种差距造就了节目看点，也凸显了节目对选手的专业音乐实力的要求，强化了艺人之间竞技的激烈感，激发了观众的好奇心和观看欲望。

《歌手》这档节目聚焦艺人群体，将他们从导师变成选手。这些本身就具有很高话题度和知名度的艺人无形中为节目带来热度，从素人到艺人的转变突破了观众以往对音乐选秀节目的刻板印象，极大地吸引了观众的注意力。此外，这些艺人庞大的粉丝群体同样为节目的收视率和关注度贡献了力量。无论是选手的选择还是赛制上的创新，都是这档节目获得成功的重要影响因素。

2.《梦想的声音》的"星素"飙歌

国家新闻出版广电总局在2015年发布《关于加强真人秀节目管理的通知》，指出要关注普通群众、避免电视真人秀节目中存在的"过度艺人化"问题，强调真人秀节目要起到价值引领的作用。为此一些音乐选秀节目开始了从全艺人阵容到星素结合的有益探索。

《梦想的声音》由浙江卫视推出，2016年11月首播。首先，这档节目和《歌手》的全员艺人阵容、《超级女声》《中国好声音》的半专业、专业选手参赛均有所不同，节目中既有以艺人歌手为代表的"顶级唱将"，也有以素人为代表的"追梦歌手"。在赛制上也不同于上述节目的激烈竞争和淘汰机制，该节目由素人选手向艺人发起挑战，如果挑战成功的话，就有机会获得与艺人在演唱会现场同台演唱的机会。艺人和素人之间的同台飙歌既能有效避免"过度艺人化"倾向，又能避免纯素人参赛的非专业性，使得节目能更侧重于在平等关系下的"音乐交流"。素人向艺人发起挑战，艺人与素人一起唱歌，这种"星素"结合的方式拉近了艺人与观众的距离，艺人与素人之间的互动形式也为观众所喜爱。

其次，节目通过情感传播引发观众的共情。《梦想的声音》中素人选手来自各行各业，他们年龄不同、职业不同、经历不同，但都有着一个"音乐梦"，这与节目设定的"圆梦"主题相符。节目不仅为这些音乐爱好者提供了一个施展自身才华的舞台，还将这些平凡歌者身上的动人故事讲述给观众，动人的故事能够激发观众的共情心理，从而产生对节目的偏好和好感。例如，第三季节目中选手黄霄芸讲述她为了实现自己的音乐梦想，十二岁时每周要坐 12 个小时的车去上课，从未间断，最终从贵州考到北京的某专业这校，实现自己的音乐梦想。这个女孩的故事既展现了她对音乐的热爱，引发观众对节目的关注，也将节目"圆梦"的主题体现出来。

最后，为保证节目的公平公正性，节目为艺人和素人设定了不同的规则。这档节目邀请了几位专业歌手担任常驻导师，每期有 4 位素人选手前来挑战。选手上场时首先由 300 位现场观众根据选手的歌声进行投票，超过 150 人投票则音乐能量集满，屏幕中间的星球开启，选手才能走到台前。在此过程中选手可以演唱多首歌曲，只有获得 3 位导师的推荐后才有向导师挑战的机会。导师受到挑战后，要事先在网络观众票选出的歌单中随机选择一首歌曲进行改编和创作，并且要限时 3 个小时完成创作，呈现一场完整的表演。由于观众票选出的歌单具有很强的随机性，所含种类和范围较为广泛，既有具有年代气息的经典老歌，也有广为传唱的流行歌曲，因此导师抽中的歌曲类型和风格可能与自身的风格相差甚远，在改编创作过程中就会产生较高的难度。而选手则是在事先确定好所选导师和歌曲的情况下进行演唱，导师和素人选手之间的不同要求保证了选手与导师同台竞技的公平性，增加了节目的悬念。

艺人与素人的关系构建对音乐选秀类节目至关重要，对节目流程进展与效果达成有重要影响。从《超级女声》的评委与选手，到《中国好声音》里的导师与学员，《歌手》与《梦想的声音》的"星素"关系营造得更加平民化。《歌手》倒置了艺人与素人的关系，艺人对决的结果由大众听审判定，而《梦想的声音》更直接地将艺人与素人作为"对手"，双方对节目的影响同等重要，真正实现了艺人、素人之间的平等。

（三）从独唱到互动：《中国好声音》的多重竞合与《我想和你唱》的全民互动

《超级女声》时期的音乐选秀节目多以独唱形式为主，无论是选手之间的合作还是评委与选手之间的互动均相对不多。如何摆脱节目设计中过于单调的形式，丰富节目中不同主体间的合作与互动，成为音乐选秀节目创新的一个重要方面。

1.《中国好声音》：多重竞合关系

《中国好声音》由浙江卫视联合星空传媒旗下灿星制作共同打造，版权源于荷兰节目《The Voice of Holland》。节目于2012年首播。节目中4位导师通过只听音不看人的盲选方式选择自己心仪的学员组成战队，并带领自己的战队进行战队内和战队间关于音乐的对抗。❶ 该节目成功减少了《超级女声》时期选秀节目过于强调"秀"的弊端，在保留选手单独表演环节的同时融入新的形式，为节目增添了可看性。这档节目是在音乐选秀节目因过度同质化竞争产生种种问题后的一个有益探索。在节目中，音乐本身重新得到重视，特别是在强调专业性的同时，增加了节目的互动性，使我国音乐选秀节目走出低迷再次焕发生机。

首先，是选手与选手之间的竞争。从播出至今，选手之间的竞争规则不断发生变化。选手需要先进行 4 位导师战队席位之争，通过演唱获得导师的"转身"。在最新一季的比赛中，每位导师在盲选环节只有 5 个名额，满员之后获得导师转身的选手就需要挑选一位已入队的选手进行挑战，有的选手刚刚进入战队就被挑战。只有最终留在导师战队才有机会与其他战队学员进行团队之间比拼，抢夺最后的冠军席位。规则的变化使选手之间的竞争越发激烈。

其次，是导师与选手的双向选择。这档节目最大的特色便是"盲听""盲选"，导师背对舞台而坐，在看不到选手容貌的情况下，仅凭选手的声音做出判断。如果导师喜爱某位选手的歌声，便可以按下转椅上的按钮转向选手，邀请其加入自己的战队。若一位选手有多位导师为其转身，则权力反转，该选手获得反选权利。在导师选择选手与选手反选导师过程中，导师与导师、导师与选手会进行充分互动，导师对选手的表演进行评价并为自己拉票，选手则会分享个人经历和关于音乐历程的故事，导师与导师也会进行交流。《中国好声音》不但注重'好声音'的表达，更加注重'好故事'的传递。而这些生动感人与'好声音'相得益彰的'好故

---

❶ 新浪音乐.《中国好声音》启动拒贴"选秀"标签 [EB/OL].（2012-06-06）[2021-03-12]. http://ent.sina.com.cn/y/2012-06-06/18023650673.shtml.

事'，正是该节目情感元素本土化表达的细节体现。"● 导师与选手之间的双向选择改变了之前音乐选秀节目评委单向点评选手的设计，导师与选手之间的平等化特点使节目更加亲民，更受观众欢迎。

再次，是导师与选手合作表演的环节设置。导师不仅要指导自己战队选手进行表演，还需要和自己的战队选手共同完成一次演出。将选手独自演唱变成与导师同唱，这样的设置改变了导师和选手之间固定的师生关系。导师和其战队成员要进行合作表演就需要不断进行磨合与碰撞，在这过程中双方的互动增多，节目内容也更加丰富，可看性也随之提高，而合作舞台的最终表现也成为吸引观众的重要因素。

最后，是导师之间的对决关系。除了选手之间的比拼，节目后半程还引入导师及其战队之间的对决。前几季各战队分别选出一个学员参加最后的"巅峰之夜"，争夺年度总冠军。在第四季节目加入"混战"赛制，四组学员打乱重组，最终可能会出现某位导师的学员无缘参加年度盛典的情况。"混战"赛制的设定使导师之间的竞争更加白热化，这种多重竞合关系使节目更具可看性。

2.《我想和你唱》：与艺人同唱

鉴于全艺人和纯素人音乐选秀节目的一些弊端，"星素"结合成为不少节目的创新方向。湖南卫视于 2016 年推出《我想和你唱》，邀请知名歌手跟素人同台合唱。但与浙江卫视《梦想的声音》等节目不同，《我想和你唱》以"与其仰望，不如对唱"为节目的口号，并未将艺人与素人对立起来，而是主打艺人与歌迷之间的互动。根据 CSM 媒介研究的数据显示，《我想和你唱》第一季的收视就取得 11 连冠，累计观众规模 3.6 亿人，其中参与合唱互动的观众近 300 万人；微博话题阅读量高达 31.4 亿人，讨论

● 胡智锋，杨宾. 中国电视综艺节目本土化创新的路径研究 [J]. 传媒观察,2019(02)：5-10.

量 200 多万次。❶《我想和你唱》跳出传统意义上艺人与粉丝的单向关系，艺人不再高高在上，普通观众与艺人共处舞台中心，真正掀起一场全民互动。

（1）线上互动，新媒体赋能全民嗨唱。

节目组首先利用新媒体互动性强的特点，让素人通过芒果 TV、唱吧 App、全民 K 歌等平台获得与艺人线上同框嗨唱的机会。来自不同地区甚至不同国家的不同年龄、不同性别、从事不同工作的普通人均可参加，没有任何门槛设置。参加节目的既有学生、白领、工人、农民、教师、记者，也有外卖小哥、网店店主，有喜欢蔡国庆的"80 后"老奶奶，有谭咏麟的中年大叔粉丝，还有期待与蔡依林合唱的音乐剧演员……

其次，新媒体平台的便捷化使大多数普通人都可以获得与艺人"云合唱"的机会，增加了普通观众参与节目的可能性。普通观众通过手中的屏幕与艺人进行互动，使得隔空合唱成为可能，拉近了粉丝与偶像的距离，也展现了普通人丰富多彩的生活工作场景，为观众带来了全新的体验。在第一季中有 155 万人参加同唱，在第三季中仅最后一期就有超过 130 万的粉丝与林俊杰在线合唱《江南》，这充分凸显了线上平台的优越性，也是电视节目与新媒体平台融合的一次有益尝试。《我想和你唱》节目组还开通了微博、微信官方账号，不仅提供了合唱的链接还推送了"合唱攻略"，用轻松诙谐的话语告诉大家怎样演唱才能提高被选中的概率。

（2）线下互动，与艺人同台演唱。

除了线上的全民嗨歌互动，《我想和你唱》也非常重视艺人与素人线下合唱的形式，使"星素"同台更具仪式感。一方面，节目不断增加素人来现场与艺人互动的机会。来到现场的素人人数从第一季的每期 18 人扩

---

❶ 徐海龙，秦聪聪，寿晓英 ."星素结合"到"星素互动"的跨越——试析电视音乐综艺节目互动仪式链的建构 [J]. 北方传媒研究，2020（01）：64-68.

展至第二季的百人合唱团。第三季则将之前每期出场三位艺人嘉宾减少到一位，进一步扩展素人与艺人的线下互动空间，能够与艺人同台演唱的素人数量大幅增加，给素人充分发挥的节目时长。另一方面，节目不断创新"星素"线下互动的形式，使素人的音乐潜能与情感得到释放。第三季节目增加了线下"10秒同框""60秒同框""想唱KTV"等环节。第一季、第二季节目每位艺人嘉宾只和三位素人同台合唱，"10秒同框"让更多普通歌迷能够登上与艺人合唱的舞台。"想唱KTV"好似与朋友一起去KTV唱歌，使艺人与素人均能更尽情地展现自我，进行一场音乐狂欢。是通过这些环节的设计，艺人与素人得以进行面对面的交流，拉近了彼此距离。

《我想和你唱》将电视节目与新媒体平台有效结合，是践行媒体融合的有益尝试。这一节目满足了普通观众希望走近艺人的愿望，丰富了"星素"互动的渠道，为普通观众提供了一个展现才艺的舞台，轻松愉快的节目风格也深受观众喜爱。

（四）从听歌到推理：蒙面唱、假装唱、模仿唱

近年来，随着娱乐节目类型不断丰富，部分观众已经不再满足于单纯听歌的节目模式。为更好地满足受众需求，各式各样的新玩法不断涌现，越来越多的节目类型被挖掘出来。一些音乐节目开始融入悬念元素，使观众在听歌的同时还可以进行推理。因此，如何制造悬念成为音乐类节目另一个创新路径。

1.《蒙面唱将猜猜猜》：蒙面唱

《蒙面唱将猜猜猜》是《蒙面歌王》的升级版，《蒙面歌王》是由江苏卫视从韩国MBC电视台引进的一档同名节目，该节目于2015年7月在江苏卫视播出，2016年9月，《蒙面歌王》正式更名为《蒙面唱将猜猜猜》，截至2020年这档节目已经播出五季。这档节目在以下三个方面做了创新。

蒙面的本意——听。"蒙面"的形式隐藏了嘉宾的真实身份，在这种情况下嘉宾的状态比较放松，更容易将真实的一面展现出来。同时也避免了嘉宾固有形象对观众的影响，让观众能专注于听嘉宾的演唱，而这也考验了嘉宾的演唱水平，与节目倡导的"用声音还原本真"的理念也不谋而合。这种只听声音不看脸的形式与《中国好声音》节目也有一定的相似性。

蒙面的表现——视。随着节目的改版升级，节目在视觉呈现上也做了一些调整。比如蒙面的方式由最初仅遮面部或遮住整个头部到整个身体全副武装的改变，节目隐藏嘉宾身份的道具变得越来越复杂，越来越精美。相比之前的方式，夸张的服饰能够更好地引起观众的注意，使观众好奇心加倍，同时能够更好地隐藏嘉宾一些容易暴露身份的动作和习惯，增大猜评团和观众竞猜的难度。节目在道具设计上的精美化使舞台呈现效果也更好，对观众来说也是一种视觉上的享受。

悬念的升级——猜。首先是赛制上的悬念设计，改版前节目每期会邀请6位艺人嘉宾登台表演，嘉宾采用两两对决的形式进行演唱，观众以嘉宾的歌声为依据进行投票，最终决出"歌王"并进行揭面。改版为《蒙面唱将猜猜猜》后，节目继续延续"蒙面"的特色，但不再将评选"歌王"作为节目的最终诉求。将两两对决变成两两合唱，嘉宾演唱完后猜评团会对两位嘉宾进行提问，根据嘉宾的回答选择一位揭面成功的可能性较大的一位进行二轮演唱，二轮演唱结束后猜评团需给出最终的答案，现场观众实时投票，嘉宾到揭面区等待揭面，若揭面失败这位嘉宾将继续参与下一期的节目，将悬念进行到底。而观众在观看节目时也会和猜评团一起猜测歌者的真实身份，在揭面之前观众会在好奇心的驱使下持续观看节目，等待最终的结果。

歌手选择范围的扩展也增强了节目的悬念感。由于取消了比赛与淘汰，更多艺人愿意跨界来到舞台上进行蒙面演唱。嘉宾的选择范围不断扩展也加大了竞猜的难度，例如相声演员郭麒麟和主持人刘维都曾来参加节目，从相声演员到歌手的巨大跨越使猜评团和观众很难将两者联系到一起，竞猜的难度不断提高，悬念感也越来越强。再者以大张伟、陶晶莹、陈嘉桦为代表的猜评团成员更是凭借开朗的性格和自带的幽默感为节目增添了很多笑点。

相比《蒙面歌王》，《蒙面唱将猜猜猜》弱化了竞争性、削弱了节目的激烈感，加大了悬疑元素和竞猜环节的比例。在保证音乐专业性的同时增强了节目的娱乐性，这种多维度的发展也成为音乐选秀节目发展趋势。这档节目不断适应变化的市场和受众的需求，凭借"蒙面＋竞猜"的特色成为一档颇受观众喜爱的节目，同时也为我国音乐选秀节目的创新化探索提供了借鉴。

2.《看见你的声音》：假装唱

音乐类节目通常看重选手的专业实力，以《中国好声音》和《歌手》为主要代表，专业的演唱水平和强大的艺人阵容是其火爆的主要原因，而《看见你的声音》作为一档音乐类节目非但没将歌声作为主要考查标准，还将不擅长唱歌的"音痴"请到舞台，这与其他节目的专业歌手形成鲜明的对比。

这档节目由江苏卫视在 2016 年推出。每期节目有一位艺人歌手和 7位素人选手共同参与，这 7 位选手中有不定数的"音痴"和实力歌手，艺人歌手需要通过外貌展示、对口型、证据展示等环节判断素人选手是实力歌手还是"音痴"，并最终选出一位嘉宾自己认为的实力歌者与自己同台演唱。在这过程中，"音痴"搜查团的成员则会为嘉宾辨别选手身份提供建议。

（1）不重声音重表演。

由于部分选手是"音痴"，若像其他节目一样考验选手的演唱水平显然很难吸引观众，节目的第一个创新点便是将"演"作为节目的重点。第一个环节嘉宾需要通过选手的外貌和基本信息来判断选手究竟是实力者还是音痴，第二个环节中，所有选手要进行现场演唱，实力者会在这一环节尽可能展现自己的音乐才华，而音痴选手则是由声优代唱，但他们需要跟着律动进行表演，通过表演来迷惑竞猜的艺人嘉宾和搜查团的成员。在第一季最后一期节目中，"百变波哥"便凭借她丰富的舞台经验和表演让蔡依林误认为她是实力者，成功留到节目最后和蔡依林一起合唱。

（2）不排名次设悬念。

这档节目的另一个创新之处是抛弃了以往音乐节目的竞争淘汰机制，将重点放到节目环节的悬念设计上，第一环节中设计了消音 VCR，在选手演唱的一段视频中嘉宾只能根据仅有的 0.3 秒声音做出判断，选出两位音痴，嘉宾获得的有效信息少，判断难度大。第二环节选手介绍和演唱声音真假难辨，每一位选手都在尽全力伪装自己，第三环节更有艺人出镜为选手作证。随着环节的推进，悬念不断提升，环环推进的剧情将观众带入节目中，而最终艺人嘉宾判断是否正确即在选手开嗓时揭晓。环环相扣的设计引发观众无尽的好奇心。

此外，关注素人梦想也是节目的一大特色。无论是"90 后"音乐制作人王圆坤还是唱跳俱佳的大胃王，抑或是那些音痴选手，他们都热爱音乐但却没有展示自我的机会，《看见你的声音》的出现为这些热爱音乐的人提供了展示自我的平台，让这些平凡的人有了登上舞台表达自我的机会，传递了荧屏正能量。

《看见你的声音》将假唱、"音痴"、悬念等元素引入节目，在节目理念、节目环节、嘉宾选择等方面进行了巧妙设计，为音乐类节目创新发展探索出一条全新的路径，也因此获得了较好的收视效果。

　　3.《隐藏的歌手》：模仿唱

　　《隐藏的歌手》是 2015 年播出的一档模唱综艺节目，由上海娱乐频道、深圳都市频道、北京文艺频道、广州综合频道，即北上广深四个一线城市的优质地面频道联合制作、联合播出、联合招商。节目通过模仿唱的形式，带大家回味这些陪伴很多人成长的金曲。❶ 这档节目每期节目会邀请 1 个原唱歌手和 5 个模仿者参加，模唱选手和原唱艺人在竞演门后面演唱，由现场观众投票选出唱得最不像的人，通过 4 轮比拼，逐轮淘汰最不像的选手，最后选出一个本期获胜者。这档节目最大的特点便是把模仿、怀旧和悬念多重元素融合，引发观众对节目的好奇心与好感。

　　（1）模仿的魅力。

　　节目以"模仿"为出发点，形成不一定的"星素"竞合关系。以往的音乐类节目艺人和素人之间主要以导师和学员，偶像和粉丝的关系为主，双方不存在竞争关系，而《隐藏的歌手》以素人对艺人的模仿为出发点，让艺人嘉宾和素人之间形成一定的对抗关系，极易引吸引观众的注意力。

　　（2）经典的怀念。

　　节目以怀旧情怀为理念，通过对经典歌曲的演唱，激发观众的怀旧情怀，引发情感共鸣。节目选取了华语乐坛有一定影响力的知名歌手来到节目，并且歌曲的传唱度也极高。这些歌手在节目现场演唱他们的代表作并在主持人的引导下讲述歌曲背后的故事，熟悉的旋律、动听的音乐勾起观众无尽的回忆，而在这过程中同样会展现模唱者的人生经历和故事。

　　（3）悬念的叠加。

　　节目叠加悬念，先用熟悉的艺人、熟悉的曲目使观众产生代入感，进

---

❶　网易新闻.《隐藏的歌手》本周日亮相 [EB/OL]（2015-10-16）［2021-03-21］. https://news.163.com/15/1016/13/B626R0PG00014AED.html，2015-10-16.

而融入节目中和听审团一起推理出谁是模仿者，再通过艺人和素人的比拼将悬念最大化。原唱和模仿者同时在竞演门后演唱，演唱完后听审团开始推断，现场观众投票后主持人揭晓最终结果。揭晓结果之时即整个节目悬念感最强烈的时刻，由于模仿者和原唱的唱歌的声音极度相似，也会产生听审团和观众偶尔出现判断失误导致原唱面临淘汰的戏剧性局面。悬念感的叠加运用使得节目极具戏剧性和可看性，获得大量观众的青睐。

（五）从歌手到跨界：《跨界歌王》的多种跨界

2016年原创综艺节目《跨界歌王》为电视音乐节目带来了一股"革新之风"，作为国内首档影视艺人跨界音乐节目，凭借"跨界"这一核心创意理念脱颖而出。❶《跨界歌王》至今已播出五季。该节目旨在突破固有的娱乐边界，汇集了活跃在影视、娱乐、体育等领域的嘉宾，让艺人们撕掉固有的标签，展现与众不同的自我，在舞台上重拾音乐梦想，通过音乐剧的形式展现了鲜为人知的音乐才华，乃至争夺年度"跨界歌王"的殊荣。

首先，是主持人、评委、歌手的跨界，刘涛在第一季参加节目成功夺得"跨界歌王"称号后，在第四季又回到节目舞台担任主持人。以偶像团体成员身份出道的王琳凯亦是如此，在以选手身份参加完节目后，第五季又回归舞台担任节目主持人。节目的评委老师同样是跨界选手，除了邀请巫启贤、宋柯、丁太升等专业音乐人担任评委外，在第二季时还邀请了男高音歌唱家戴玉强、著名京剧女老生王珮瑜和著名主持人黄子佼跨界担任评委，为节目带来了较高的话题度。❷节目中歌手的跨界最为引人注目，演艺界的代表陈建斌、秦海璐，喜剧界的代表小沈阳、王祖蓝，体育界的代表张继科等，他们在各自领域都取得了一定的成绩，但却选择以普通选

❶ 黄兰椿.《跨界歌王》在模式与音乐内核上的创新 [J]. 新闻战线，2017（12）：104-105.
❷ 申桂红.《跨界歌王第二季》的创新与继承 [J]. 当代电视，2018（04）：18-19.

手身份来参加《跨界歌王》，这本身就是一种突破。

其次，是场景的跨界。跨界即意味着"非专业性"，这是这档节目区别于其他音乐类节目最重要的一点。由于选手们没有受过专业的音乐训练，在现场演唱环节难免会出现跑调、忘词、破音等状况，虽然这样的表现在一定程度上能够体现节目的真实性，但是不可否认的是观众的观感体验是有所降低的。为减小非专业性带来的消极影响，节目组设计了贴合选手歌曲的舞台布景并融入音乐剧的表现形式，通过艺人擅长的表演来为演唱加持，情感和舞台气氛的烘托能够有效减少非专业性带来的一些弊端。观众在视觉上和情感上的良好体验有效地弥补了选手演唱上存在的问题。

最后，是渠道的跨界，这档节目不仅在电视上播出，在爱奇艺、腾讯视频等网络视频 App 同样可以观看，并且节目中演唱的歌曲也可以在网络渠道进行收听。此外，节目还"联合了雷石 KTV、友唱 M-bar 的近 500 台终端设备，覆盖了近 200 个城市，万达完美影院等商圈开通《跨界歌王》的移动练唱专区；联合饿了么、摩拜、滴滴、WI-FI 万能钥匙等服务性 App，以及机场、公交等公共交通，实现了用户一公里生活圈内的媒介全覆盖；联合全国高校，举办了'跨界歌王校园系列挑战赛'；还联合了广州塔，在短时间内，通过 400 万网友的自发投票和 103 万网友的在线围观，一起点亮'小蛮腰'，等等。"❶ 多渠道的传播形式为节目带来诸多关注。

无论是跨界做主持人还是歌手，艺人们的角色转变极大地激发了观众的好奇心。《跨界歌王》改变了我国音乐选秀节目的固有模式，将"音乐""跨界""艺人"等多种因素融合到节目中，获得了收视和口碑的双丰收。

---

❶ 郑蓉.从"跨界"到"跨越"——浅析 2017《跨界歌王》的创新升级 [J]. 现代视听，2017（10）：20-23.

二、聚焦冲突性:《乘风破浪的姐姐》挑战音乐选秀类节目新高度

2020 年 6 月 12 日,湖南卫视芒果 TV 推出女团成长综艺节目《乘风破浪的姐姐》,邀请 30 位在 1990 年之前出生,且早年已出道的演艺界女星参与节目,经过训练和舞台考核,最终选取 5 位"姐姐"以女团形式再次出道。

节目从官宣开始到后期播出的各个阶段均受到热烈关注,反响强烈,在微博、豆瓣、知乎等社交平台中引起广泛讨论,成为 2020 年一档现象级综艺节目。6 月 13 日,节目上线开播 12 小时后便在芒果 TV 上获得 1.5 亿次播放量,上映三天累计播放量达 3.9 亿次❶,优秀的开播成绩使得其母公司芒果超媒股价节节攀升,总市值破千亿元,位居电影与娱乐行业市值首位。

(一)逆向定位,另辟蹊径

1. 重释女团,破除审美疲劳

随着"90 后""00 后"网生代群体逐渐成为传媒娱乐产业的主要受众并掌握话语权,成团选秀市场渐趋成熟。但是节目数量的增加却未带来节目模式的创新,大部分并未突破小众圈层,而节目的趋同性使得原有观众渐感无味甚至造成审美疲劳,对节目的参与度不断降低。《乘风破浪的姐姐》则逆向为之,无论是节目定位还是整档节目中传递出的理念都改写着"女团"的定义。首先,节目打破成团的年龄规则,参加节目的艺人年龄均在 30 岁以上,其中年龄最大为 52 岁。芒果 TV 副总裁周山在接受采访

---

❶ 骨朵网络影视.骨朵数据热度指数周榜(网络剧 网络综艺 网络电影)乘风破浪的姐姐夺得冠军 [EB/OL].(2020-06-16)[2021-03-21]. https://zhuanlan.zhihu.com/p/148694143.

时指出，平台一直希望寻找一个能引起社会共鸣与共情的群体作为节目主角，在进行深入调研后最终将目光集中于年龄"30+"的姐姐们身上。这一群体在社会中经常面临所谓的年龄的局限，但她们有着不同于年轻女孩的自信与独立，"这就会把我们现在看到的一些偶像女团的标准化审美打破，把成熟女性的魅力无限放大"❶。

同时成员人选也不再是娱乐产业流水线生产出的练习生们，而是已在音乐、影视或其他领域出道的知名偶像们，他们不仅颇具资历，更是在年轻时甚至如今都在娱乐圈占据一定地位。

2. 拒绝套路，内容真实充实

相对市场上流水线式的成团流程和统一化的标准，《乘风破浪的姐姐》更加凸显真实性，通过镜头记录更加真实的"姐姐"们。例如，节目在录制时采取开全麦的"残忍"方式体现"姐姐"们的唱歌水平，后期剪辑过程中也并未进行过多的修饰或渲染，而是力求将"姐姐"们最真实的状态展现给观众。虽然选手们的表现难免存在瑕疵，但真实的画面不仅可以拉近观众与"姐姐"间的距离，还能随着节目推进而感受到"姐姐"们的进步，这种真实性更能增强观众对"姐姐"的陪伴感与认同感。此外，结合艺人真人秀的节目特点，节目中对"姐姐"们全时全景的记录，迅速吸引大众视线，让观众和粉丝看到"姐姐"们在生活中真实的一面。

节目组不仅推出单一的综艺节目，而是随紧跟节目进展，为了进一步满足观众需求不断推出"加更版"视频，为受众提供更为充实的素材。例如，通过纪录片的方式将"姐姐"们的生活作为正片的补充内容完全展现在观众面前。此外，芒果 TV 在节目开播之前还推出以"姐姐"们为主角的访谈节目《定义》，邀请前《南方人物周刊》主笔易立竞作为主持人对

---

❶　光明网.《乘风破浪的姐姐》是如何炼成的？[EB/OL].（2020-06-24）[2021-03-21]. https://www.sohu.com/a/403966353_162758?_trans_=000014_bdss_dkwhfy.

"姐姐"们进行采访、展开讨论，更深层面地传递出她们各自的人生态度与事业观念，从而让观众们更加立体地走进"姐姐"。

正是由于节目的"求真务实"，受众得以看到更加真实、全面的"姐姐"们。不同于努力营造初入娱乐圈、上进可人的新人"妹妹"人设的其他节目，《乘风破浪的姐姐》拒绝了之前成团类选秀节目的套路，弱化了成员的一致性，尊重"姐姐"们的个人选择和个性张扬，支持不同曲风、不同舞种甚至并非唱跳形式的多种演绎方式，从而能够凸显出每位成员的不同魅力。

（二）凸显差异，反转权力

1. 呈现台前台后多面形象

节目组通过节目环节的设计、节目规则的制定、节目叙事的把握，突出了"姐姐"们不同的性格特征，呈现出"姐姐"们与之前影视剧中的人物塑造、平时媒体的建构人设等不同的形象。

2. 节目艺人的权力反转

传统选秀综艺中节目组规定赛程赛制、评审团决定谁进谁退、导师设定选手风格，而选手与这三者相比往往处于弱势状态，因此节目组、评审团、导师与选手的矛盾往往成为节目最大的看点。参与节目的艺人拥有一定的话语权，节目组则顺水推舟，在部分场景下使其实现了权力反转，既能与其他成团节目相区别，也能引起更广泛的话题讨论。在涉及评选标准时"姐姐"们也大胆、公然地质疑评委组，强调自身特点及差异性而不是将传统女团的标准化、一致性一以贯之。

（三）媒体矩阵，话题传播

首先，当前爆款综艺节目的打造离不开社交媒体的宣传，相对于其他素人选秀节目而言，《乘风破浪的姐姐》更能凭借"姐姐"们庞大的粉丝数量一炮而红，因此节目组紧抓暑期档同"姐姐"们一起在微博、知乎、抖音、哔哩哔哩等社交媒体或视频平台宣传造势甚至进行直播互动。

其次，节目组在播出平台选择上也有所考量，在湖南广播电视台经视频道与芒果 TV 客户端一同播出。相对比传统电视台，作为新媒体的芒果 TV 能够营造出场外观众的参与感和在场感，而评论留言、实时弹幕等多种沟通方式弥补了观众由于物理空间距离而产生的缺憾。

最后，由于《乘风破浪的姐姐》是邀请 30 位 30 岁以上的女艺人参加，题材本身就具有很强的争议性，所邀请女艺人又各具特点、自带热度，因此利用这些热点话题进行传播成为节目成功的一个重要因素。尤其是节目主题曲《无价之姐》及其舞蹈，曾多次登上热搜并引得网民和艺人争相模仿，可能很多人没看过这个节目，但是绝对听过《无价之姐》，甚至在节目开播数月后仍能在综艺节目或短视频中看到其经典片段。这种由社交媒体完成的仪式搭建将受众聚集在一起，不断重复并强化记忆点使之社交货币在无形中流通。

此外，与此前其他成团选秀类节目不同，《乘风破浪的姐姐》还屡次获得主流媒体认可和点赞，《人民日报》6 次、《光明日报》2 次、《中国青年报》10 次点赞该节目，有 71 家主流媒体发文肯定节目所引领的"乘风破浪"时代精神，还有 19 家海外媒体也报道节目以优质原创内容传达了女性力量。❶

---

❶　涂小芳.论《乘风破浪的姐姐》对"姐姐精神"的深度挖掘与立体传播[J].视听,2021(1)：17—19.

（四）直面社会，"三十而骊"

1. 直击社会痛点，契合受众需求

近年来，我国有不少影视剧涉及女性议题，其关注度持续上升。"市场上应该有各种各样的产品，如果其他方向的产品过于泛滥，而女性题材这一方面又过于缺失，那一定会有一个现象级的表现。"张雨绮曾在《乘风破浪的姐姐》附属访谈节目《定义》中如是说。湖南卫视洞察到这一敏感的社会议题，直击社会痛点及大众心理，满足大众尤其是女性群体对此进行意义消费和符号消费的需求，进而将《乘风破浪的姐姐》做成了一个女性议题的象征符。

2. 讲述"三十而骊"故事，传递向上精神

突破、颠覆、励志、成熟、独立、个性、热爱等都是《乘风破浪的姐姐》向外传递的精神。从"三十而励"到"三十而立"，再到"三十而骊"，凝练出中年女性勇敢直面年龄、自信看待生活的青春态度，传达着"青春"与年龄无关，而是由"态度"决定的积极精神。许多观众表示通过观看节目，自己对年龄的焦虑和畏惧减少了，更加敢于面对未来的种种困难与不确定性。节目组特意选取了很多在各行各业奋斗的普通女性形象摄制短片，并在每一期节目片尾播放她们的故事。其中包括在新冠肺炎疫情中冲上一线的医护工作者、被称为"硬核奶奶"已经82岁高龄的新中国第二批女飞行员苗晓红等。节目口号"去征服，所有不服；去会见，所有偏见；去拒签，所有标签"以及主题曲《无价之姐》，无不体现出女性敢于向上的精神态度与追求，"我是我自己的无价之宝"，"看我乘风破浪"，不仅是唱给再次高调出现在舞台上的"姐姐"们，也唱出了追求梦想、实现自我的普通大众的心声，而在这场媒介仪式中，所有人都是参与者。

《乘风破浪的姐姐》从选题、策划再到执行，敢于直面女性在社会中所面临的种种问题，具有极强的现实价值，也因此得以在众多综艺节目中脱颖而出。其成功为选秀类综艺节目提供了全新的思路，如何在节目定位、节目制作、节目宣传、节目价值上有所创新，在满足受众需求的同时突出社会价值，从而获得生命力，值得后来节目借鉴。

1. 现今101系选秀节目同质化现象严重，如何解决这种因同质化带来的收视下降的情况？

2. 你认为《乘风破浪的姐姐》还能做出哪些方面的尝试与创新？

第三节　谈话类节目的创意与策划

谈话节目起源于美国，也被称为"talk show"，在西方有着悠久的历史。相较于西方，中国的谈话节目起步较晚，1993年东方电视台播出的《东方直播室》被认为是国内谈话节目的开端，1996年中央电视台创办的《实话实说》节目的热播为国内的谈话节目的发展注入动力。之后，谈话类节目以其制作成本较低、具有亲和力、形式多样化等特点成为国民喜闻乐见的一种节目形式，《锵锵三人行》《艺术人生》《超级访问》等节目应运而生。但随着互联网的快速发展，以《奔跑吧》《极限挑战》为代表的真人秀节目挤占了大量受众市场，老牌脱口秀节目风光不再，先是《康熙来了》《超级访问》等节目纷纷停播，接着坚持了19年的《锵锵三人行》也宣布告别。传统的演播室谈话电视节目因其单一的谈话模式、固定的谈话场景和采访流程很难挤占电视荧屏，再创早年的高收视率。为了更好地适应电视节目市场，许多谈话类节目开始进行创新，这为该类型节目带来了新的发展机遇。

一、谈话场景的变换："春妮敞开门"和"鲁豫迈开腿"

由于室内访谈具有空间较小，场面易于把控，节目制作成本较低等优势，我国的谈话类节目从 20 世纪 90 年代发展以来，一直是以演播室访谈为主，但随着时代的发展，各种户外真人秀和场景式观察类节目大火，单一的演播室访谈模式很难在激烈的市场环境中占据一席之地，《春妮的周末时光》和《鲁豫有约》两档节目通过对访谈场景的改造和访谈环境的改变成为备受观众喜爱的两档节目。其中《春妮的周末时光》将演播室改造成"春妮的家"，《鲁豫有约》节目主持人鲁豫迈开双腿，走出演播室，深入到受访嘉宾的生活中采访。这些改变使得这两档节目摆脱谈话节目的发展困境，在众多节目中脱颖而出。

（一）《春妮的周末时光》：营造温馨小家

1. 从演播室到温馨小家

《春妮的周末时光》是北京电视台推出的全景式戏剧谈话类节目，由徐春妮担任主持，于 2012 年 7 月 7 日起每周六晚 19：35 在北京电视台文艺频道播出。❶ 该节目在嘉宾选择上以有影响力的演艺界艺人为主，2017年改版后，采访嘉宾阵容拓展到全社会各行各业的翘楚，增加了节目的信息量。此外，节目将播出时间选在休息日晚上，恰好契合了观众在此时间段内对轻松幽默风格的节目的需求。

---

❶ 京华时报.北京文艺新推《春妮的周末时光》[EB/OL].（2012-06-27）[2020-12-11].
http://ent.sina.com.cn/v/m/2012-06-27/09273669164.shtml.

一般来说，谈话类节目为了营造良好的访谈氛围通常会在现场设置观众席，形成主持人、嘉宾、观众三者之间的互动，但事实上现场观众并没有很强的参与感和融入感。《春妮的周末时光》这档节目转变视角，不仅取消了现场观众席，还将演播厅改造成"春妮的家"。客厅、沙发、茶几、厨房、餐桌、书柜、绿植、窗户一应俱全，"温馨小家"式的设计让观众眼前一亮，同时也拉近了节目与观众的心理距离，家的氛围感将观众潜移默化地带入到节目当中。春妮作为家中的女主人每周会邀请几位好友到家中做客，三五好友或一起坐在沙发上聊天，或一起在厨房做美食、围坐在餐桌前吃饭聊天，这种生活化的情境使轻松舒适的氛围跃然屏幕。在家的情境里，艺人嘉宾卸下心理防备，融入"家庭"的环境中，还原自己真实的一面，朋友间的聚会让聊天内容更生活更真实。❶

2. 家中的不同场景营造

由于演播室的空间场地有限，谈话场景的变换十分困难，由此也导致了室内谈话节目形式单一，而"春妮的家"通过厨房、餐桌、客厅等不同区域的划分很好地实现了不同空间内的场景营造。厨房里欢快浓郁的生活气息，餐桌上老友之间的侃侃而谈，茶余饭后的灵魂碰撞等，在这些不同的情境设置下，嘉宾们表露出的情绪和心境是不同的，观众也能通过这样的变化打破对一些嘉宾的既有印象，了解他们更为真实的一面。例如，央视主持人康辉平日里呈现的大多是严谨认真、一丝不苟的形象，而节目通过康辉在厨房里做饭的场景来展现他充满"烟火气"的一面，又借好友李修平之口讲述康辉与妻子之间的故事来展现康辉温柔细致的一面。这些场景的变换将嘉宾的性格和特点全方位展现在观众面前，凸显节目风格的同时也满足观众对嘉宾、对节目的期待感。

---

❶ 腾讯娱乐. 众多艺人齐聚春妮"家"中 共享周末欢乐时光 [EB/OL]. （2012-07-03）[2020-12-01]. https://ent.qq.com/a/20120703/000269.htm.

3. 主持人与访谈对象的转变

节目播出期间，春妮曾因需要备产离开了节目一段时间，但节目组依然将节目风格做了很好的延续。在这期间，节目由中央电视台少儿频道著名主持人月亮以为春妮"看家"的名义代为主持，这样的方式既不会破坏观众长期以来形成的对春妮的喜爱和对节目的忠诚度，还能增强节目的真实感。除此以外，节目还设计了别出心裁的互动方式，除了每期节目开头介绍仍然使用的春妮的声音外，在节目开始时月亮会通过与春妮视频通话的形式引出本期到场嘉宾，春妮还会在视频中特别交代月亮需要帮忙做什么，通过视频通话这种生活化、私密化的交流方式更能凸显节目轻松愉悦的特点和家的氛围感。在春妮备产期间节目的主题也有向亲子关系、育婴知识等与春妮密切相关的话题靠近，访谈对象也做了一定的调整，如请到蔡远航和孙茜夫妇分享准妈妈日记及月亮和孙茜在沙发上聊生产前的小插曲等。这些话题看似平常却能体现节目的独到之处，通过将春妮的真实生活状况与节目内容联系起来，放大节目的真实感，让观众对春妮、对"春妮的家"始终保持亲切感和熟悉感，从而产生持久的节目偏好。

这档节目将演播室改造成"春妮的家"给受众留下了深刻印象，轻松舒适的氛围让受众仿佛置身其中，这种强烈的"家"的真实感成为节目的一大特色。

（二）《鲁豫有约大咖一日行》：走出演播室

1. 从室内到室外

为了适应网络时代的发展和受众的多样需求，谈话类节目走向户外化是其在网络时代的一个重要发展趋势。通过场景的户外化丰富节目内容，成为《鲁豫有约》节目在网络时代吸引受众注意力的重要方式。《鲁豫有约》是凤凰卫视根据鲁豫个人特点量身打造的一档访谈节目，2001 年开播至今已历时十余年，该节目采访方式及节目形态在新媒体环境下逐渐显得老套，再加之真人秀节目的冲击，节目的收视率一路下滑。为改善收视现状，《鲁豫有约》的子栏目《鲁豫有约大咖一日行》应运而生。

《鲁豫有约大咖一日行》是由能量传播、海峡卫视和东南卫视联手打造的国内全新真人秀式谈话类节目，于 2016 年 8 月 26 日 21：10 首播，每季 12 期，在第四季更名为《鲁豫有约一日行》，到 2021 年已更新至第七季。在第一季节目中，主持人陈鲁豫走出演播室，探访中国 7 地，采访了不同领域的顶级大咖，展示他们不为人知的生活背面。每期节目中主持人鲁豫都走进一位嘉宾的生活，可能是工作的地方，也可能是居住的地方，这种深入嘉宾现实生活中的采访方式，无论是采访的地点还是嘉宾的状态都呈现出强烈的真实感。

2. 从沙发座谈到场景访谈

这档节目借助《鲁豫有约》的先期品牌影响力，加入时下最流行的真人秀节目元素，打破传统的谈话类节目的固定流程，丰富采访场所，积极运用社交媒体宣传造势，一经播出就获得好评无数。❶节目设计了家庭访谈、咖啡屋访谈、工作间访谈等多种情景，通过不同的访谈环境的切换，努力营造符合聊天的场景及气氛，在增加空间体验、视觉转换的同时进一步带动嘉宾友好交流，敞开心扉。❷通过对现实中真实场景的捕捉，既增加节目的娱乐性，又让观众看到嘉宾鲜为人知的一面，满足观众的"窥私欲"。这样的设置在满足观众好奇心的同时也让节目内容本身充满了新意和趣味。

---

❶　刘晓宇 . 访谈类节目的创新之道——以《鲁豫有约大咖一日行》为例 [J]. 新媒体研究，2017，3（05）：135-136.

❷　李佼蓉 . 电视谈话类节目的成功因素——以《鲁豫有约》为例 [J]. 传媒论坛，2019，2（01）：172.

二、网络时代脱口秀的两种走向:《奇葩说》与《吐槽大会》❶

随着视频网站的发展与受众媒介接触习惯的改变,越来越多的受众倾向通过电脑和手机来观看节目。当电视时代经典谈话节目纷纷停播,在寻求谈话类节目形式创新的同时,网络成为播出谈话类节目的重要载体。而作为访谈类节目重要类型的脱口秀节目较之其他类型节目,体量小、更易于操作、更具话题性,也更适合短视频的碎片化传播,因此颇受青年群体与网络节目制作者的双重喜爱。网络时代脱口秀在节目形式上一般有两种方向:一是辩,众人对一个话题进行辩论、讨论。二是说,多人轮番上场说一段段子。脱口秀类节目的走向也主要是这两种,一是辩论讨论型,如《奇葩说》《非正式会谈》等;二是段子搞笑型,如《吐槽大会》《脱口秀大会》等。

(一)《奇葩说》:辩论讨论型脱口秀节目

在屡见不鲜、品种繁多的脱口秀节目中,《奇葩说》以精良的制作和出彩的创意打破了观众的刻板印象,创新性地将辩论赛的模式融入其中,从 2014 年开播至 2021 年年初已经播出了 7 季,受众对其关注热度从未减退,每一季都会引发讨论狂潮,成为名副其实的现象级节目。作为辩论讨论型脱口秀节目的代表,其核心在不同观点的碰撞,而要达到这样的目的关键要在辩题、辩手和辩词上下功夫。

1. 辩题话题化

《奇葩说》辩题的选择"来源于对大数据的分析——节目组将百度用户

---

❶ 谷征,张一祎. 脱口秀类网络综艺节目的两种走向与对比分析——以《奇葩说》与《吐槽大会》为例 [J]. 传媒,2018(10):41-44.

的搜索词、浏览记录等数据信息整合，同时利用知乎、天涯、百度贴吧、微博等各大媒体平台，整合出最为焦点的话题，并结合用户的在线投票与线下讨论，最终选出最切实符合这一受众群体特质的'私人订制'话题"❶。

其主要辩题烟火气十足，涵盖青年群体关心的或者焦虑的各类问题，极具热度与关注度。诸如"该不该看伴侣手机""份子钱该不该消灭""该不该刷爆卡买包包"这样的辩题不仅能够引起目标受众的共鸣，吸引其关注观看，还可以增加参与感，形成节目与受众的良好互动，在节目播出后便于成为流行话题，进而引发后续话题讨论，持续发酵。

2. 人设角色化

《奇葩说》主要有两类人设，一是导师、议长方，二是奇葩选手方。为了加强观点碰撞的效果，这两类人设都具有多元特点。然而多元不代表杂乱，以奇葩选手为例，众多辩手可以分为几种角色，有着不同的角色预设。一类是以马薇薇、黄执中、詹青云、王邱晨等为代表的专业辩手，他们思维严谨、涉猎广泛，很多人参加过国际大专辩论赛等高级别的辩论比赛，甚至获得最佳辩手，这类人设既增加了辩论的专业性与效果，也吸引了部分高学历受众的围观。第二类是以肖骁、范湉湉、傅首尔等为代表的综艺辩手，他们的观点不一定严谨，但是往往以自我经验切入，不虚伪做作，同时表现欲极强，举止夸张，也吸引不少受众，同时增加了节目的可视性。第三类则是如王嫣芸、柏邦妮等自带话题入场的话题选手。❷

受众对于辩手角色的认知往往通过标签化而进一步加深，这些标签，使得受众记住了每位辩手及其特点。对不同角色人设的设定，既能促使观

---

❶ 唐英，尚冰靓．大数据背景下网络自制综艺节目的特征及趋势探析——以《奇葩说》为例 [J].新闻界，2016（5）：51.

❷ 江苏佳．从《奇葩说》的成功看网络综艺节目制作 [J].青年记者，2017（12）：77.

点多角度、全方位地碰撞，也避免了这种碰撞带来的杂乱无章，同时带动了受众对节目的记忆，让受众对后续观看产生期待感。

3. 语言幽默化

《奇葩说》作为一档电视节目，引入辩论赛形式并不是照搬硬抄，在脱口秀节目中生硬嫁接辩论赛这个外衣，而是创造性地将辩论与脱口秀充分融合，其具体表现形式是寓教于乐的。与传统辩论赛相比，《奇葩说》的辩词更幽默，更具娱乐性。导师和辩手都具有对于语言的把控能力，善于巧妙地运用语言以达到幽默化与娱乐性的目的。

《奇葩说》辩词的幽默，不是无厘头的搞笑，而通常是与辩题相结合，适用于日常生活，便于二次传播的。节目中既有力地回应对方观点，又用犀利而幽默的口吻将自身论点抛在受众眼前，被网友纳入辩手金句。

（二）《吐槽大会》：段子搞笑型脱口秀节目

以《吐槽大会》为代表的段子搞笑型脱口秀节目，最大特点在"说"段子，如何使节目说出特色，则要在"说什么？""谁来说？"和"怎么说？"上下功夫。《吐槽大会》是由腾讯视频和上海笑果文化传媒公司联合出品的一档大型喜剧类网络脱口秀节目，节目将"吐槽是门手艺，笑对需要勇气"作为口号，每期邀请一位标签化、热点性的名人作为"主咖"，接受大家的吐槽，随后"主咖"再以同样吐槽的方式回应主持人和嘉宾并进行自嘲，每期最后都会选出一位"Talk King"。该节目屡次刷新网综行业的各项媒体数据，成为2017年年初首档现象级的网络综艺节目。

1. 主题自嘲吐槽

"说"段子的目的在于搞笑，获得喜剧效果。以往脱口秀的段子更多针对时事，事件层出不穷，每期都会有新的内容、新的段子产生。而《吐槽大会》则另辟蹊径，将吐槽对象变为人，因此节目的主题便确定为针对自我的自嘲或者是到场嘉宾之间的相互吐槽。

自黑或者互黑的喜剧手法经常运用在相声、小品等节目形式中，脱口秀节目中也并不少见。《吐槽大会》则创新性地将之作为一个节目的核心主题，纯粹地、赤裸裸地提出自黑与自嘲、互黑与吐槽。

2. 嘉宾自带话题

吐槽对象选择得成功与否，直接影响节目的成功和失败。为了实现段子"说"出来的效果，节目邀请的大部分嘉宾是演艺圈、娱乐圈的人。但是不同于一般节目为了提高人气往往邀请流量艺人的做法，《吐槽大会》第一季邀请的则是诸如李湘、唐国强、蔡国庆、小沈阳。而伴随着节目的走红，第五季则邀请了一些借助其他节目人气有所提升的嘉宾，如参加完《乘风破浪的姐姐》的张雨绮。而范志毅对周琦、郭艾伦的吐槽，以及阎鹤祥、易立竞的加盟，则使得节目进一步突破圈层，在体育圈、相声圈等获得流量。

出于对艺人秘密或隐私的好奇心理，观众会不断驱使自己去了解，而《吐槽大会》恰好满足了观众的这一心理，运用吐槽的方式再度揭开这些嘉宾的自带话题点，嘉宾也在吐槽与被吐槽过程中，再度被广泛关注。

3. 语言原创搞笑

其他脱口秀节目通常是改写网络段子，《吐槽大会》则是由段子手亲自操刀创作颇具喜剧内涵的原创段子。《吐槽大会》前几季的常驻嘉宾池子，便是该节目制作团队旗下的一名签约段子手，作为"95后"的他更能准确把握如何吸引年轻人的眼球。

在节目中，原创段子及段子表现的吐槽点不仅好笑，也张弛有度，让嘉宾既娱乐了受众，也化解了自身的尴尬。让受众在大笑之余，也会欣赏嘉宾的自我批判精神。例如第一季中，主持人张绍刚在吐槽嘉宾韩乔生时，就直指他最受争议的解说口误："韩老师，刚才我们之所以鼓掌，不是因为你很幽默，而是在惊叹你居然把人名都说对了。"口误一方面难免让人质疑他的专业度，另一方面却又造就了他的个人主持风格，甚至有网友总结出"韩乔生语录"在网上对其调侃。韩乔生老师自嘲道："我解说足球的时候一点也不紧张，都是观众在紧张。"既承认了自己的缺点，又回应得自信幽默，还产生了和受众隔空互动的感觉。

从以上对比可以看出《奇葩说》和《吐槽大会》所代表的两类脱口秀节目的主要差异：辩论讨论型脱口秀节目的核心在于营造激烈的观点碰撞，而段子搞笑型脱口秀节目的关键则在于创造优秀的原创段子。《吐槽大会》主要以艺人组成脱口秀阵容，以艺人自身附带话题作为节目看点，以原创段子吸引受众。而以《奇葩说》节目为代表的辩论类脱口秀节目则通过素人对于时下热点话题进行辩论讨论，以犀利观点和激烈的辩论来吸引受众眼球。显然，在众口难调的网络时代，《奇葩说》和《吐槽大会》的成功无疑给很多节目提供了参考和借鉴。

当然这两种看似对立的脱口秀节目在传播方式、角色设定、主题选取等方面也存在很多相似之处。除了所请艺人大腕，两档节目都塑造出具有代表性、标识性的自身选手，如《奇葩说》的傅首尔、肖骁等，《吐槽大会》的李诞、呼兰、王建国等；都在短视频发展红利中进一步扩大影响，碎片化传播为网络脱口秀吸引了更多的更多的粉丝与受众。特别是在节目发展过程中，依靠艺人的原创段子脱口秀也面临着内容和话题的创新，而依靠辩题与深度观点增加曝光度和讨论度的辩论讨论类脱口秀同样需要事前准备各类段子，同时也会邀请艺人嘉宾参加以获得粉丝流量。而这种融合或许成为脱口秀节目发展的另一种方向。

1. 谈话类节目如今的关注度大不如前，问题出在哪里，如何解决？

2.《脱口秀大会》等一系列新型脱口秀节目层出不从，为何此类型的节目能够抓住年轻收视群体的眼球？

第四节　益智类节目的创意与策划

益智类节目源于国外的问答节目（*Quiz Show*），我国早期益智类节目往往以纯粹的知识问答为主，枯燥的问答模式很难长时间保持受众的注意力。《幸运52》《开心辞典》等节目增加了节目的趣味性、可视性和互动性，将娱乐元素融入节目中，一经推出，收视率节节攀升、红极一时。随着选秀类和真人秀类节目的快速发展，益智类节目受到很大冲击。国家广播电视总局"限娱令"颁布后这种现象有所缓解，央视与各大卫视纷纷向文化益智类节目进军，如江苏卫视《一站到底》、河北卫视的《中华好诗词》、浙江卫视的《中华好故事》及央视的《中国汉字听写大会》《中国诗词大会》《中国成语大会》等陆续开播，我国的文化益智类节目不断推陈出新。特别是2017年，益智类节目迎来井喷式发展，浙江卫视《向上吧！诗词》、东方卫视《诗书中华》、山东卫视《国学小名士》等均在这一年推出。

对于益智类节目来说，如何增强答题过程中的悬念感与选手对战过程中的激烈感是吸引受众的关键所在，国外益智类节目通常通过高额奖金激励来达到这一目的。但由于政策限制与文化习俗等因素，我国的益智类节目不能通过这种形式来吸引受众，只能在答题规则上和节目形式上不断创新。

一、悬念感的规则化：百人团的设计与扫雷游戏的另类运用

所谓悬念即让节目拥有不可预测性，或者说偶然性。具体到我国益智类节目中，悬念感往往需要通过规则的巧妙设置来体现。

（一）设置悬念：《中国诗词大会》如何增加偶然性

1. 题目的随机性

《中国诗词大会》在题目的设置上具有很强的随机性。这档节目将题目分成不同主题的板块展示在大屏幕上，系统在各个板块之间来回滚动，选手通过叫停的方式确定自己的答题板块之后进入答题环节。由于选择题目的方式具有随机性和主观性，选手若选到自己熟悉的诗词知识便很容易回答正确，若选到较为陌生的诗词主题，很可能在第一关就会落败，并且不同选手选到相同主题的概率也微乎其微，这就导致了题目的难度存在一定的差异性，由此大大增加了结果的偶然性。在最新一季的比赛中，节目还增加了"绝地求生"环节，选手在第一次回答错误时，可以获得一次"自救"的机会，同样需要以叫停的方式在"横扫千军""出口成诗""你说我猜"三个板块中随机选择一个答题形式进行"自救"。但是三个板块的难度存在差距，其中"横扫千军"是难度最高的一个板块，选手需要与百人团12人对战"飞花令"（轮流说出包含题目中所给字词的诗句），且每次对战需要在5秒内说出答案，否则即为"自救"失败。相较于"横扫千军"板块，若选到其他两个板块，"自救"成功的概率会大大提高。第六季新增云中千人团，进一步增加了题目的随机性。《中国诗词大会》通过题目的随机性设置大大增加了结果的偶然性，使得节目更具看点。

2. 分数的随机性

《中国诗词大会》选手间的胜负并不是绝对由答对题目数量所决定，而是由所答对题目击败百人团的人数决定。即每道题并没有固定分值，要根据百人团答题情况进行赋值。而击败百人团人数的多少与题目的难易程度密不可分，题目比较简单的情况下百人团中答错人数会相对较少，题目难度加大或者有一定迷惑性时百人团中答错人数便会上升。因此，答对题目少的选手同样有机会战胜答对题目多的选手。如第一位选手答对 5 道题，但这几道题均比较简单，因此只击败了 20 位百人团选手；第二位选手只答对了 3 道题，不过其中有一道题较难，共击败了 30 位百人团选手，结果是第二位选手胜出。这样的规则设置导致每题分数实际上是随机的，可以有效避免题目难易程度对结果的影响，增加节目的公正性，减少由于某一道题的失误造成优秀选手的离场，同时为节目增加了更大的悬念感，给选手更多翻盘机会。

（二）确定规则：用规则使偶然合理

1. 百人团成为规则

"百人团"答题形式来源于国外，2008 年湖南卫视引进的节目《以一敌百》中首次出现了"百人团"的答题形式。❶ 对于益智类节目来说，如果只靠选手答对答错题目的情况来决定胜负，在节目的平等性和公平性方面容易有失偏颇，也不符合益智类节目的诉求。将百人团这一形式设置成节目规则，用多数人的答题情况来决定选手的分数，能在增加节目悬念的同时保证节目的平等性和公正性，将各行各业的群众纳入节目中也符合益智类节目的平民化发展趋势。百人团成为规则不仅让选手的晋级、淘汰更

---

❶　搜狐娱乐.《以一敌百》节目背景与节目规则简介 [EB/OL].（2008-04-09）[2021-03-21]. https://yule.sohu.com/20080409/n256181291.shtml.

具悬念化，赛制、赛程更有看点，也将节目的偶然性变得更加合理。

《中国诗词大会》节目巧妙地借鉴了这一形式，使其成为这档节目在悬念感设置上的一大特色。在第三季节目中，节目将主赛场百人团设置为少儿团、青年团、百行团和搭档团，并开设由 40 人预备团组成的第二现场。由于以往百人团不存在淘汰机制，可能会出现选手答题不认真、故意"放水"的情况。设立预备团后，每场百人团答题正确率后 4 位降级为预备团，而预备团答题正确率前 4 位晋级进入百人团。这样的淘汰机制，使得比赛赛程更加激烈，也让百人团更加认真对待比赛。❶自《中国诗词大会》以后，百人团这一比赛模式也被应用到《中国民歌大会》等其他节目中。

2. 扫雷成为题目

《绿水青山看中国》是中央广播电视总台央视综合频道与中央广播电视总台央视科教频道推出的一台大型演播室益智类文化节目。节目融知识性趣味性于一身，以山、水、林、田、湖、生命为载体，展现人地关系，感念乡土、乡情、乡愁。❷节目第一季于 2017 年 10 月 5 日首播，至今已播出三季。这档节目摒弃了传统的知识问答，换之以"一叶知秋"等极具地理特色又凸显悬念化和可视性的竞赛题目，在寓教于乐中普及地理知识。

扫雷游戏是视窗系统自带的一款经典游戏，节目组借鉴了扫雷游戏的玩法，将猜图与扫雷游戏相结合，设计为"一叶知秋"环节的题目。在题目中，一张地理信息图片上铺满若干绿色小方块，选手点击某一绿色方块后，与扫雷游戏开局时情景类似，该绿色方块以及周边方块便会随机消失，露出下面的图片。这一题目的规则就是两位选手轮流点击绿色方块，

---

❶ 虞智颖，岳傲南，汪冰蟾，代雅娜，何昕. 从中国诗词大会文化元素的呈现看文化类节目的发展进化 [J]. 视听，2018（07）：7-8.

❷ 央视网. 绿水青山看中国 [EB/OL].（2020-07-20）[2021-03-21].http://kejiao.cctv.com/special/lsqs/.

根据点击后所暴露出的部分图片信息回答图片中的地理位置或景观等，回答正确的选手获得积分。有的选手第一次就点出了图片中回答题目所需的关键信息，而有的选手所点方块下面的图片信息对答题帮助相当有限。这一做法将游戏规则转化为节目规则，并根据节目特点对游戏规则进行适当调整，使得其更加符合节目特点。扫雷成为题目不仅提高了比赛的难度、放大了成功答题的偶然因素，还将这种偶然性变得更加合理化。

在欧美新近的一些益智类节目中，这种分数的随机性得到加强。例如，《墙》（WALL）这个节目中，最引人注目的就是一面插满棍子的墙，墙下不同位置分别对应着不同额度的奖金。选手所获得奖金并不与其答对题目数量完全相关，而是由人站在墙上向下扔球，最终结果由球的走向决定。当球受墙上棍子影响，呈不规律路径向下滚动时，并不一定能够按照选手的预期方向滚动获得大奖，甚至所累计的奖金很有可能被瞬间清零。在球落地之前一切都是未知数，这种戏剧性的场面对受众有很大的吸引力。

二、规则呈现舞美化：地屏成为答题板

舞美作为一种视觉艺术是凸显节目制作水平和质量的重要考察因素，善用舞美对节目效果具有增益作用。益智类节目可通过借助舞台灯光、布景、道具等将答题规则可视化，给观众带来良好视觉体验同时形成鲜明的节目特色。

（一）舞美、道具呈现答题规则

1. 出场、获胜、出局的呈现方式

出场环节、获胜环节、出局环节这三个环节是益智类节目较为重要的三个节点，充分利用舞美做好这三个环节的效果，既能体现节目的制作水

平，也能凸显选手的个人特点，给观众留下较为深刻的印象。例如，《诗书中华》节目在选手出场环节设计了极具诗意的出场方式。该节目在舞台地屏上做了"河流"和"酒杯"的设计，"酒杯"跟着"河水"流动，"酒杯"停到哪组选手面前，哪组选手就要上台答题。节目组还将这一出场环节称为"曲水流觞"，这一环节和名称完美契合了节目的诗词主题，营造出古典雅韵的氛围，给观众带来沉浸式体验。在获胜环节的舞美设计上，《最强大脑》节目在现场设计了"金字塔"状的台阶，并称之为"黄金24席"，名次越高的选手站的位置越高，选手的名次一目了然，这样的舞美设计强化了节目激烈的竞争性。关于出局环节的设计，《一站到底》节目的"掉坑"早已成为益智类节目的经典场景，此外《中国诗词大会》中选手回答错误时，除了答题区红灯亮起，全场灯光也会变随之变暗。这些别出心裁的设计不仅直观地展现了比赛规则，使得节目具有可看性，也使节目风格更加鲜明。

2. 题目、回答的呈现方式

出题过程和回答过程是益智类节目的主要内容，也是观众最爱看的环节。通过一些可视化的设计呈现题目和回答内容能给观众带来更为直观的体验。《最爱是中华》节目在题目和回答的呈现上做了有益的探索。在第二季"文化密码"环节中，大屏幕上会随机给出一个 10×10 的空格，中间会出现超过 20 个关于中国传统文化的各类题目，各类题目之间会有一定的关联性，答题开始时系统会首先给出一个关键字，率先答题的选手根据关键字和主持人的问题给出答案，另一位选手则要上一题答案中再选择一个关键字进行作答，双方轮流挑选关键词，依次作答，选手每答一道题答案就会显现在空格里，谁率先达到九分即为胜利。若双方成绩锁定为9:9，则采用一题制胜法，率先拿到 1 分的选手为冠军。将题目以类似棋盘的形式呈现在屏幕上，能让观众直观地看到选手的答题情况和比赛进展情况。在第三季的"狭路相逢"环节中双方选手分别站在舞台两侧的答题区，一方为"将"，另一方为"帅"，答题开始时，地屏中央的红线开始向率先答题的选手移动，选手说出答案后，红线立即向反方向移动，选手需要在红线触碰到自己前回答完毕，若被红线触碰三次则游戏结束，对方获得胜利。再如国外的一档益智类节目《炸弹》，正如节目名字，节目组在现场设置了一个炸弹道具用来答题，选手面前有四根不同颜色的线，分别代表不同选项，选手需根据题目选择答案，若回答错误现场的"炸弹"就会"砰"的一声爆炸，十分具有震撼力。充分利用舞美和道具呈现题目和选手的答题情况，既展现了节目特色也增强了节目的可视性和激烈感。

（二）对地屏的运用：从《黄金五环》到《绿水青山看中国》

1.《黄金五环》对地屏的创新性运用

《黄金五环》(*Five Gold Rings*)是英国的一档益智类答题节目，这档节目创新性地将舞台的圆形地屏作为选手的答题板。在答题过程中，每组选手分别拥有五个荧光圆环，这五个圆环与地屏上的五个圆环相对应，一个圆环代表一定数额奖金，每答对一道题不损失圆环，奖金的数额也随之增加，每答错一道题奖金不变，但是会失去一个圆环。两组选手根据主持人的提问先后作答，每组选手一人指挥，另一人负责用圆环在地屏上圈出答案的范围，每道题需要在20秒内完成。当地屏上的红灯亮起时代表代表回答错误，此时会有一次获得提示的机会但是仍会消耗掉一个圆环，五个圆环全部用完即失败，奖金由对手全部带走。

2.《绿水青山看中国》的借鉴与创新

我国的益智类节目在舞美利用方面较为偏重整个舞台的效果呈现和节目风格的体现，而《绿水青山看中国》这档节目借鉴国外《黄金五环》节目，将舞台地屏作为答题环节的一部分，给选手和观众带来全新的体验，成为我国人文地理类节目的经典案例。节目在"行万里路"环节中将中国地图呈现在地屏上，选手需按照主持人或者视频中讲述人给出的线索进行抢答，获得答题权之后需先说出正确答案，之后选择是否用圆环在地屏上圈出答案，若圈对则会有额外的加分，一旦圈错则对方加分，以正确答案是否在圆环内线范围内作为判断标准，这一环节的设计与《黄金五环》节目有异曲同工之妙。值得一提的是，这档节目并没有停留在单纯的模仿层面，而是在《黄金五环》节目的基础上进行了创新，不仅对圆环的大小进行了调整，还根据节目自身的特点将答案具体到某一座山脉或者某一条河流上，这就导致正确答案紧贴圆环外线的情况也时有发生，增加了选手答题的难度。这档节目无论是形式上的借鉴与创新，还是主题和定位上的选择都十分值得其他节目借鉴与学习。

三、激烈程度可视化：不变的"掉坑"与加速的"心跳"

益智类节目若想获得长久的发展，需要在制作时考虑展示选手间的竞争过程和加剧竞争的激烈程度，同时，更应该考虑如何使这种激烈感可视化，通过将激烈感可视化的方式让观众更为直观地感受到的节目的激烈程度。《一站到底》和《1000次心跳》(《1000 Heartbeats》)两档节目通过"掉坑"和"心跳"两种不同的可视化方式，将节目的激烈感表现得淋漓尽致。

（一）《一站到底》：将"掉坑"进行到底

《一站到底》是江苏卫视在 2012 年 3 月推出的一档全新益智类攻擂节目，改编自美国的 NBC *Who's still standing*，由夫妻档李好和郭晓敏主持❶，

---

❶ 陆红 . 从《一站到底》看益智类竞技节目的发展 [J]. 视听，2019，（04）：18–19.

采用场上参与者对战答题的模式，获胜者获得奖品，失败者掉入坑中，不同职业、社会标签的参与者都可以在限定的时间内进行知识比拼。该节目在 8 年间经过几次升级改版，迎来全新 4.0 时代，舞台变得更加酷炫，答题环节也变得更加紧张刺激。

1. 从轮答到抢答

《一站到底》在 2015 年将轮答模式改为抢答模式，增加了节目的激烈程度。所谓"轮答"即选手在规定的 20 秒内轮流作答，这种模式下选手有一定的思考时间，可以不紧不慢地说出答案，甚至可以用较快的语速说出答案的来龙去脉，而抢答模式除了考验选手的知识储备量，更考验选手的反应速度和紧张状态下的心理状态。这种模式使答题的节奏更为紧凑，可以充分调动选手的竞技状态，选手之间的对抗也更加激烈。加之紧张的音乐和音效的烘托，选手答题的激烈感跃然荧屏。此外，当抢答难分先后时，节目组会使用专业的鹰眼镜头技术进行慢放，让观众直观地看到选手答题的先后，在一定程度上也体现了节目的专业性。之后的改版中抢答模式也一直被沿用，在 2020 年"青创纪"主题赛中，节目在答题模式上进一步优化，选手不再通过关键词方式盲选对手，选手在想要挑战自己的选手中选择一人作为自己的对手，且答题模式也不再固定，轮答还是抢答由对手决定，这种自由化的方式更增加了选手之间竞争的激烈感。

2. 从一人答题到增加"助攻"选手

《一站到底》自开播以来一直采用两两对战或者团体对战的模式，即便是团体对战，对战双方的人数也是相等的，而在最新一次的改版中，助攻选手的加入强化了答题过程的激烈感。两位选手在抢答过程中，主持人会随机提问一道助攻题，哪位选手抢答并回答正确，系统就会在现场的其他选手中随机选择一名选手作为助攻选手帮助抢答者答题，形成 2V1 的局面。在两个人对战一个人的情况下，明显两人组合胜算会更大，但在实际的答题过程中经常会出现助攻选手出现失误被对手绝地反超的情况。助攻选手的加入增加了答题环节的激烈程度，也使节目的戏剧性效果十足，不可预料的结果增加了观众观看节目时的紧张感和期待值。

（二）《1000 次心跳》：将心跳公布于众

《1000 次心跳》（《1000 Hearbeats》）是由英国独立电视台（ITV）授权新晋独立制作公司饿熊传媒（Hungry Bear Media）制作的益智类节目。该节目于 2015 年 2 月播出，每集 60 分钟，参赛者为了冲击现金大奖，要与自己的心跳展开一番较量。在比赛开始时，参赛者拥有 1000 个"心跳"作为本金，他们用这些"心跳"来回答问题。在通关时，每位选手的心率都会处于监测之下，参赛者的真实心跳速率越快，虚拟"心跳"数量下降得也越快，相应地，回答问题的时间也随之缩水。当虚拟"心跳"数量为0 时，比赛结束。参赛者若想取胜，就必须在强压环境下始终保持冷静和正常的心跳，以保证有更为充足的答题时间。心跳的计量方法拥有极强的带动力和感染力，《1000 次心跳》采用心跳计量的形式带给观众不一样的体验，节目带动的不仅仅只有参赛者的心跳，还有观众的心跳，有观众表示："当参赛者的心跳加速时，你会发现自己也变得紧张起来"。❶ "1000 次心跳"是一个很新颖的概念，将益智类节目中必不可少的时间元素转换为"1000 次心跳"，而剩余的心跳数据实时出现在荧幕上，将比赛的激烈感规则化与可视化并公布于众，观众会跟随参赛者一起参与到答题中，这种可视化呈现对观众有极强的吸引力。

---

❶ 北晨网. 告诉你现在世界上最火的综艺节目都是哪些 [EB/OL].（2015-06-12）[2020-12-18].https://www.sohu.com/a/18620625_115428.

越来越多的益智类节目开始在规则上设置悬念或可视化呈现，脱离外在的包装，益智类节目在核心内容上该如何突破？

第五节 信息类节目的创意与策划

信息类节目，又称生活服务类节目。1978 年 8 月 12 日，《为您服务》的开播，意味着中国首个完整意义上的信息类节目诞生，这档节目全面贯彻了信息类节目"为人民服务"的宗旨。1996 年 7 月 1 日，CCTV-2 的信息类节目《生活》开播。《生活》开创了信息类节目的新理念与新型服务模式，让观众感到新鲜有趣。❶ 此后，经过多年发展，我国的信息类节目在节目内容、节目形式方面不断进行创新，呈现出服务多元化、信息生活化、表现场景化等特点。

一、服务多元化：医、食、住、行全方位覆盖

现在信息类节目已经不再局限于只是提供一些解决人们生活难题的小妙招，服务内容逐渐多元化，从装修买房找工作，到相亲旅游保健康，医、食、住、行全方位覆盖，甚至有的还推出了驾校节目。从这些可以看出，如今的信息类节目覆盖了生活的方方面面，做到了为普通人提供生活

---

❶ 个人图书馆.还记得沈力吗？《为您服务》主持人，80 年代观众抹不去的记忆 [EB/OL].（2020-12-07）[2020-12-18].http://www.360doc.com/content/20/0425/14/32189195_908283352.shtmll.

中的有用信息，为普通人解决实际问题。

（一）《养生堂》和《我是大医生》：不同人群的养生经

《养生堂》是科教频道于 2009 年推出的一档健康养生类节目，后成为北京卫视的王牌节目。在这一节目中，国内顶级中医养生专家以中老年观众也能理解的通俗易懂的方式，介绍最常遇到的养生问题，传递最实用的养生信息。由于时代发展，年轻人也开始遇到各种健康问题，需要更为专业的健康医学知识。于是北京卫视推出了另一档针对年轻群体的以健康养生为主要内容的生活服务类节目:《我是大医生》。这一节目采取了新颖的医生主持团形式，让医生的形象不再严肃，更加寓教于乐，使得该节目成功吸引了许多年轻观众。

1. 医生和嘉宾方面

《养生堂》邀请的医生多来自中老年群体联系较多的科室，如心血管科、内分泌科等。《我是大医生》有时会请艺人做嘉宾，让医生为艺人做面对面诊断，观察他们的生活，这样更能吸引年轻人观众观看节目，节目所请医生涵盖了各种科室的医生，除了常见的内科、外科医生，还有营养科、整形科医生等，这些迎合了年轻观众的健康信息需求。

2. 主持人方面❶

《养生堂》主持人的主持风格较为端庄，穿着更为正式，举手投足更加成熟稳重，语言也较书面化，迎合了中老年观众。《我是大医生》主持人的着装则较为时尚，主持风格更加活泼，拉近了与年轻人的距离。《我是大医生》还采用了"医生主持团"的概念，除专业主持人外，聘请知名医院的中青年医生组建主持团队，设置了"医生梦之队"。这些医生的说

---

❶ 苏娟.电视健康类节目的目标受众与节目构成——以《我是大医生》和《养生堂》比较为例 [J].西部广播电视，2014（05）：72—73.

话风格、穿着都更加平易近人，使医生职业不再令人感到畏惧，也使得主持团队更具专业性。例如，《防治中风千年古方》这一期节目中，主持团队穿上了清朝的服装来进行角色扮演，向大家介绍了古代流传至今的药方，语言也变成了文言与现代语言的结合，两者的冲突感使节目更有趣。

3. 信息方面

《养生堂》集中于中老年人比较在意的一些健康问题，如"三高"问题、心血管问题、糖尿病问题、养生问题等。《彭祖流传千年的长寿秘诀》《养生先养血》《神秘"药水"解密长寿秘诀》等期节目中都是对于中医的保健疗法进行介绍。专家会直观地逐步介绍养生方法，更加利于中老年观众学习和操作。在节目的中间和最后，节目会为观众提供各种食疗的方法，更贴合老年观众的生活，让他们了解到更多简单易懂的健康信息。《我是大医生》大多数问题更集中于年轻人，涉及的健康问题更多元。《正确深蹲可养护膝关节》《颈椎保健操》《清晨杀手》等期节目主要关注目前年轻人生活工作中经常遇到的健康保健类问题。《拯救头发的秘籍》《人未老心先衰的症状你中了几个》《神奇减肥处方》等节目则更多集中于年轻人较为在意的脱发、衰老、减肥等问题。此外，《我是大医生》也会推出一般人没有注意到但与生活息息相关的一些健康问题。例如，《远离家中"冬季三毒"》这期节目，主要对人们日常生活中经常碰到但并不会太注意的三种病毒进行介绍，分别是厕所中的诸如病毒、厨房中常见的沙门氏菌和卧室里常见的军团菌。在介绍过后又提供了如何解决这三种病毒的应对办法，传递了一些普通人可能触碰不到的实用知识。

4. 节目呈现方面

《养生堂》的节目呈现方式更为中老年人喜欢，如演播室的布置更加庄重严肃。节目字幕字体较大，内容简单易记，甚至有时只用一个字来概括内容，便于眼睛不方便的中老年人观看节目。节目道具更加简单明了，可以直接展示一些健康信息，让中老年人便于理解和记忆。节目也会通过简单的游戏环节或者医学小品演绎等方式，使节目更加有趣，调动观众看节目的热情。

首先，《我是大医生》在节目演播室场景方面，尤其是节目改版后，布置更温馨，让年轻受众观看更舒适。其次，医生团队会利用各种卡通形象、道具对嘉宾遇到的健康问题进行现场讲解，有些道具甚至有些夸张，能让观众更加轻松地理解健康知识，同时能够加深其记忆。例如，在《健康吃火锅的注意事项》这一期节目中，节目向大家传达吃火锅时会产生的三个主要健康问题，即三个雷区。节目布置了三个炸弹道具，每个炸弹里藏有一个健康问题，这种直观展示更具娱乐性，也更能吸引年轻观众。最后，节目中加入嘉宾生活 VCR 的环节，医生可一边观看嘉宾的生活一边指出其健康问题，从单向说教的形式转化成专家参与互动的形式。

（二）《十二道锋味》：不只是教你做菜

《十二道锋味》是一档艺人美食真人秀节目，由谢霆锋担任主厨与主持，目前共有三季，2018 年改名为《锋味》又播出一季。节目并不仅是教人做菜，而是以美食为载体，谢霆锋与其朋友一起找寻各地最经典的美食和其背后的故事，人和人之间的关系也由此发生了变化。

1. 以食诱人，网罗各地美食

三季《十二道锋味》及改名后的《锋味》虽然嘉宾不同，去的地方不同，节目流程也不同，但节目的初衷没有改变，向大家展示了地道的当地食物，传递了美食的信息。节目横跨各大洲，只为找寻不同地区最具特色的美食，如法国的甜品舒芙蕾，新加坡的叻沙，我国香港特区的鸡蛋仔，我国北京怀柔的五果鸭，日本京都的虾骨柔情天妇罗，韩国的石锅拌饭，希腊的奶油蛋糕等。节目以食诱人，让观众产生观看兴趣，并且节目会呈现出美食的制作过程，让观众可以边看边学，使节目更具服务性。还有比较独特的一点，《十二道锋味》第三季中在每期最后，谢霆锋会邀请客人到他的风味餐厅品尝他在旅途中学会的菜品。而做菜时的步骤，对食材、对其他厨师的要求得以在节目呈现，同时也向大家展示了真正的餐厅应当如何经营。

2. 以食为媒，感受不一样的文化

《十二道锋味》通过美食透视百样人生，在为观众带来一场"由口入心"美食旅程的同时，也让观众感受到出各地不一样的文化。《十二道锋味》第二季走入民间，聚焦中华美食文化。例如，第一期便选取最能代表北京美食文化的北京烤鸭，通过嘉宾的劳作和体验向大家展示了北京烤鸭复杂的烹制工序：吹鸭子、烫胚、挂糖、晾胚、烘炉、进炉、烤制、出炉、片鸭子，使观众对这一款中华美食有了深入了解。节目邀请神秘嘉宾对食物进行品尝也从另一角度向大家展示了美食的更多信息。例如，传统片鸭的方式，北京烤鸭的吃法，卷荷叶饼的两种方式，等等。第四期赴广东佛山制作当地特色美食菠萝古老肉，节目中从侧面展现了中国的舞狮文化、咏春拳文化。《十二道锋味》第三季中加入更多异域文化的探寻。第二期节目谢霆锋和杨紫琼来到肯尼亚大草原与当地的马赛部落一起体验原始的农耕生活，第三期谢霆锋和阮经天在泰国体验泰拳，展现了泰国的泰拳文化，让观众足不出户就领略到世界各国不一样的文化。在《锋味》的一期节目中，谢霆锋带张一山品尝了顺德著名的美食：陈村粉。节目中对如何制作陈村粉及用陈村粉制作成的花样繁多的菜肴进行了介绍，其中令人印象深刻的是一道名为"捞起"的经典菜式，这一名字意味着新的一年会捞到风生水起，寓意吉利，内涵丰富❶，传达出的不同地区的生活方式与

---

❶　影视符号学．锋味：简单味道中的幸福 [EB/OL]．（2020-12-07）[2020-12-18].https://www.zhihu.com/question/307500988/answer/563123601.

习俗，也从侧面映射出中华饮食文化的博大精深，也给节目增加了不少的亮点。

3. 以情动人，让观众产生共鸣

"据统计，三季《十二道锋味》拍摄行程总计已达 658867 公里，环绕"地球 15 圈"，而这番行程的动力皆来自对美食不变的初心，更加映衬了节目的初衷和对观众的服务态度。谢霆锋来到世界各地，和有故事的当地人共享一道'锋味'，丰富了美食的品类和品味之余，也延展了节目的叙事空间。"● 通过这些有故事的人，在分享美食的同时，节目传达了人与人之间真挚的情感，以情动人，让观众产生共鸣。第三季《十二道锋味》设有"锋味餐厅"环节，每一期都会邀请外卖小哥、替身演员、双胞胎等有着不同经历的普通人到锋味餐厅讲述自己的故事，由谢霆锋为他们制作菜肴。和普通百姓一起坐在餐桌前共进美食，互相分享故事，让电视机前的观众感同身受，通过这个做菜节目也能使观众感受到社会对不同群体的关爱，感到人情温暖，产生共鸣。改名后的《锋味》每期会拜访一位有故事的华人或者喜爱中华文化的外国友人，为他们制作菜肴，听他们的故事。例如，在异国生活的中国老奶奶唤起谢霆锋和电视机前的观众对家中老人的思念之情，帮助好友张家辉找到 12 年前的爱情味道则让观众羡慕不已。给身在希腊的女孩罗羽琦做菜时，让其回忆起年少时她和父亲的亲情。为了弥补十几年缺少的陪伴，谢霆锋特地和父亲一起做节目并为父亲奉上佳肴。这些都向观众展示了美食背后的不同故事，更加真实，引起观众思考。

《十二道锋味》和之后的《锋味》通过搜罗各地美食，展现了不同地区的文化与习俗，让观众在了解更多美食信息的同时，也领略到不同美食

● 尉虹. 艺人美食综艺节目的创新和多元化发展定位——以《十二道锋味》为例 [J]. 视听纵横，2017（03）：84-86.

背后的人情故事，引起观众共鸣，凸显了信息服务类节目的服务性。

（三）从租房买房到装修改造：有关"家"的不同信息服务

提供有关"家"的各类信息是信息服务类节目的一个重要方向，大家熟知的《交换空间》就是较早开播住房改造节目。随着信息类节目服务内容的多元化，这类节目从租房买房到装修改造，不断丰富创新。

《你好新家》于2019年播出，节目中的嘉宾变成实习经纪人，与专业房地产经纪人结对，在不同城市帮助委托人找到理想的"新家"。一方面，通过找房过程，为观众生动呈现房产买卖、租赁的各类实用知识；另一方面，展示了一线房产经纪人的日常生活，让观众对这一职业有了更深入的认知。节目还设置了观察室环节，演播室嘉宾和专家一起解读艺人完成的职业任务，并且提出问题和解决方案。

《梦想改造家》是一档有关老房装修改造的节目，每期会选择有一定代表性的家庭，招募设计师在有限的经费预算内为这些家庭解决居住问题。节目使得不同改造委托人的住房需求得到满足，各方面家装知识在节目进程中也得到展现，同时电视机前的观众也获得了相关信息。

1. 态度务实，普及专业知识

在《你好新家》节目中，嘉宾们成为实习房产经纪人，与专业房地产经纪人一起，分别前往4个城市体验房产中介的职业生活。这档节目切中消费者买房租房的消费痛点，其务实之处在于它让嘉宾体验真正房产经纪人工作的同时，通过其成长过程为观众普及了房产买卖、租赁等专业知识。节目开始时，艺人嘉宾会完成专业房产经纪人布置的任务，如沈凌被安排了"跑盘"的任务、栗坤需完成"报盘"的任务等，这些都是真正房产经纪人首先需要学习的技能。到委托期间，艺人嘉宾要完成店面接待的任务，了解委托人的购房区域和购房预算，还要深入了解每个委托人的生活，明确他们对于住房的切实需求，帮助委托人找到心仪的"新家"。一些房产知识便会在这些节目进程中呈现给观众，如跃层式户型和 LOFT 户型的房子在价格、住房面积等方面的不同，什么是 H 户型和 W 户型等，以及关于一些数据的分析，为打算买房的观众提供了不少信息。节目还会从侧面提出一些其他与居住相关的问题，如在搭建现在比较流行的阳光房时需要注意的安全问题和材质问题等，弥补了观众在这些方面知识上的短板。

《梦想改造家》主要展现老房子的整体改造，既然是老房，必然存在空间狭小、布局不合理甚至由于年久失修产生的漏水、白蚁等各种问题。节目会实地考察目前老屋的居住情况，对存在各种居住困难的建筑进行全方位的描绘，设计师与改造家庭进行对话，进一步了解其居住需求，之后再进场改造。首先，通过节目中设计师的改造工作，让观众了解了更多老房翻新改造与重置空间布局的解决方案与装修技巧，如通过 164 根钢柱让广州摇摇欲坠的百年老宅更坚固，再如通过各种收纳家具为"蜗居"的七口之家带来更好的住房体验……其次，改造中的一些细节展示出实际施工时需要注意的问题、困难与如何解决。最后，对当地特色建筑传统与优秀老建筑的刻画会向观众传达出更多与老建筑有关的知识，如什么是川式民居，什么是穿斗结构等。节目中的这些解决方案和专业知识给电视机前有同样需求的观众提供了更多的参考。

2. 寓教于乐，讲述家的故事

在《你好新家》节目中，艺人嘉宾在被委托期间需像专业的房产经纪人一样，深入了解每个委托人的生活，明确他们对于住房的切实需求，以帮助委托人找到心仪的"新家"。因此，节目在为观众提供关于安家置业的科普课堂的同时，也自然会讲述出每个家庭住房需求背后的故事。这些与家有关的故事也使专业知识的呈现不再干瘪生硬，寓教于乐，展现出现实生活中各种住房问题，成为科普课堂中不可缺少的一部分。例如，一位委托人想要寻找一套一家五口居住的房子，但是家人工作却分散在不同区域；再如，一对老年夫妻委托者想买一套三室的房子原来是为了孩子可以随时回来居住，这都反映了如今经常遇到的一些住房问题与社会情况，自然会引起观众共鸣。这些故事体现了节目的人文关怀，也增添了节目的可看性与服务性。

《梦想改造家》秉承服务的态度，所选择的改造委托人大多有住房困难，节目在为其解决居住问题时会与委托人进行交流。与《你好新家》类似，每个委托人背后都有着一段与住房难题密切相关的故事。例如，第二季女设计师谢蕙龄为上海的"大地妈妈"易解放和她的丈夫打造无障碍养老房这一期节目，讲述了两位老人背后令人感动的故事。为完成儿子的遗愿，两位老人去内蒙古植树造林，花光了所有积蓄，甚至卖掉了两套房子。完成儿子的遗愿后，他们回到上海和儿子一起生活过的老房子里，房子只有30平方米，狭窄、拥挤、上下楼梯不方便，对于年迈的老人来说房子亟待改造成宜居养老房。此外，为有阿尔兹海默症患者的家庭改造住宅，还有帮助一位母亲给其终将失去自理能力的儿子打造"至少20年能够安全使用的家"等。除了个人居家改造，节目中一些大型改造项目背后则有着更为丰富的故事，如什邡方亭街道慧剑社区、冰川镇花鸡公煤矿、半山民宿的改造；重庆大学附属肿瘤医院放疗区域儿童病区的改造，为孩子们打造一个充满想象力的"治愈星球"；又如苏州双塔市集的改造，使其成功出圈，成为网红打卡地；等等。这些和家有关的感人故事与房屋改造问题相结合，有助于相关知识通过故事情节的发展在观众面前一一呈现，观众在节目中沉浸的同时也能了解到一些家装改造的知识、细节与技巧。

随着时代的发展，信息类节目从原来单纯介绍解决生活难题的小妙招发展到涉及人们生活方方面面、为观众提供多元信息服务的节目类型。因为篇幅所限，此处仅以医、食、住等方面的典型节目案例来说明信息类节目的不同信息服务，下面介绍的旅游类节目、相亲类节目还提供了旅行和相亲方面的信息服务，可谓全方位覆盖。

二、信息生活化：在旅行中发现生活

（一）《妻子的浪漫旅行》：旅行 + 情感

信息类节目的主要目的是向观众传递各类信息，但随着电视节目制作理念的发展，信息的呈现不仅是主持人照本宣科或由专家侃侃而谈，而是将信息融于生活之中，最能还原"生活"、呈现"信息"的真人秀方式被广泛运用到各信息类节目中。《妻子的浪漫旅行》《花样姐姐》《花儿与少年》《各位游客请注意》等与旅行相关的节目即充分地运用了这一形式。

《妻子的浪漫旅行》将旅行与情感元素在节目中很好地结合起来，让妻子团去往世界各地旅行，丈夫团在演播室远程观察旅途中的妻子，了解其生活中的另一面。通过节目，艺人夫妻之间实现了深度交流与了解。观众在满足对艺人的猎奇心理后，也可以透过节目了解更多与旅行、情感相关的信息，并审视自己的婚姻关系。

《妻子的浪漫旅行》既不是一个完全的旅游节目，也不是一个完全的情感类节目，而是将旅行、艺人隐私、夫妻情感等多种信息杂糅、混搭，再通过多空间、多视角的方式呈现给观众的一个节目。

1. 信息的混搭

（1）旅行信息。

《妻子的浪漫旅行》与其他旅行类节目一样首先展现了旅行中遇到的美景与体验。对旅行中的美丽景色与风土人情的展示，对不同地区美食的呈现，吸引了观众的眼球。既有古堡景色、峡谷风景，又有妻子们在大海上乘坐快艇、在酒店泳池里享受时光、在沙漠里开越野车驰骋，还有妻子团学做巧克力和跳伞的场景，等等。每期节目都让观众随着妻子团一起身临其境地感受畅游的快乐，体会到在家旅行的乐趣。另外，节目中会涉及旅程的规划问题，也向观众展示了旅行中一些必备的技能信息。

（2）艺人信息。

《妻子的浪漫旅行》每季节目都会邀请4组艺人夫妻参加，旅行过程很容易产生各种冲突与不同意见，节目中艺人之间的人际关系与相处方式可以让观众看到艺人日常生活的真实状态，满足了人们窥探艺人生活的好奇心。作为旅行团体中的一员，妻子们在旅行中的亲密接触、互动交流往往能够流露出其真实性格。一些节目环节的设计，特别是游戏环节的设置，如妻子们一起完成真心话大冒险的游戏，会透露出更多她们的真实想法；而演播室中4组丈夫之间的对话则展示了男艺人们对待不同事物、不同人的看法，在这些看法和问答之间可以了解他们的真实性情。例如，第二季节目几位丈夫面对主持人李静的"灵魂拷问"，不同嘉宾的回答显示出不同的性格，张智霖坦诚，买超浪漫，而包贝尔则有备而来。总之，通过节目使观众能够了解到更多的艺人信息与艺人日常生活里更真实的一面。

（3）夫妻情感信息。

夫妻情感的呈现是此档节目更为重要的内容。4组夫妻嘉宾的人生经历不同、性格迥异，从而夫妻之间的相处方式也大不相同，尤其是在旅行这种最容易展现人际关系的活动中，会传递更多夫妻之间相处的情感信息，同时也容易引起话题，衍生出更多看点。对于电视机前的观众来讲，节目为他们增加了一个新的观察角度，通过观察不同阶段夫妻不同的婚姻状态，可以从艺人身上学到夫妻间的相处之道，重新审视自己的婚姻观。节目凭借夫妻情感这个热门话题，邀请丈夫在演播室观看妻子的旅行生活，将妻子与丈夫关于旅行、生活的不同看法与冲突直接暴露在观众面前，剥离出他们真实的夫妻情感。这些内容会引起观众的共鸣和思考。

2. 信息的呈现

（1）多空间。

为了更好地在旅行中传达信息并寻找情感，《妻子的浪漫旅行》运用了多空间的叙事策略，夫妻分处不同的空间，妻子的旅行地与丈夫的演播室，不同空间的组合产生了意想不到的效果，传递出更多信息。妻子们在旅行过程中身处较为开放的空间，更易于展示真实的自我，如旅途中妻子们在土耳其的热气球上大声表达对丈夫的爱意。不仅不同空间的场景会起作用，不同场景中的人也会起作用。由于与丈夫处于不同空间，妻子们可以围坐在一起一边吃饭一边讨论、分享与丈夫日常生活的一些趣事。艺人的表现更能说明这一点，当女艺人一起游泳时，大家都穿了相对清凉的衣服，但程莉莎为了家人则相对保守，在其他女艺人的鼓励下，才脱掉外套，显露出泳衣。而丈夫在相对封闭的演播室里则更像是生活中一些好友的聚会谈话，他们看着妻子的 VCR，对妻子的行为进行评价，与其他艺人的丈夫谈论夫妻之间的趣事。空间的分隔有利于不同信息的呈现，可以更加清晰地展现两人的真实婚姻生活，增强观众的代入感。除了空间的分隔，妻子和丈夫的空间融合也会产生很多更有趣的信息。例如，旅途中妻子团在卡片上写下的对丈夫的话语会让身处演播室的丈夫们心头一震，使艺人们流露出更多埋在心底的情感。又如节目设置让丈夫说出妻子不可以进行的项目，妻子团对此的不同反应会更深层次映射出每对夫妻的日常婚姻关系。同时在每季节目的开始和最后，节目组都会展现妻子团和丈夫团一起相处的场景。这些环节可以让观众直观感受到艺人夫妻合体时的相处状况，与两者分处不同空间时的情景相比，呈现出不一样的信息。

（2）多视角。

在每季节目中会有 4 对艺人夫妻参加，不同年龄、不同人生经历、不同际遇、不同婚姻阶段对待生活和情感时会有的不同视角，而旅行则使这种不同更清晰地呈现出来。从妻子视角看待丈夫和从丈夫视角看待妻子也会展现出不同家庭之间的婚姻信息。此外，还有旁观者的视角，如在演播室和丈夫们一起观看妻子旅行的女主持人的视角，与妻子共同旅行的年轻男嘉宾的视角。不同视角为电视机前的观众提供了更全面的信息。

（二）《各位游客请注意》：旅行 + 社交

《各位游客请注意》由浙江卫视推出，嘉宾在节目中带领素人共同旅行，同吃、同住、同行。在旅行过程中，外界景色固然迷人，但是旅行团内的故事同样引人关注。《各位游客请注意》将旅行与社交元素相结合，并嫁接真人秀的表现方式，让艺人面对陌生人，真实展现自我，让观众发现不一样的生活。节目在为观众呈现各类旅行信息的同时，还通过展现艺人与素人、普通人之间在旅行中的交往实践，为如何社交，特别是如何与陌生人交往支招，让观众看到真实社交生活中自己的影子，学习到很多社交常识及在今后交往中需要注意的事项，领悟到人与人交往的真谛。

1. 游、行、住、食，多种旅行信息汇集

《各位游客请注意》以艺人与素人跟团或徒步旅行的方式，全方位呈现了旅行中所需的游、行、住、食等多方面信息，给观众带来身临其境旅行的感觉。

节目中设计了四条路线，分别为狂恋加勒比、印度奇域记、徒步在贡嘎、美好中国行，既有异域风情，也有祖国的大好山河，有跟团也有徒步，深度描绘了各地的景色和风土人情。不同国家不同旅行信息的碰撞激起了观众的好奇心，让观众了解到不同地域的更多知识。

在游的方面，旅行足迹遍及 18 个中外城市，游览过恒河、宝莱坞、那拉提大草原、琥珀堡、达坂城盐湖、泰姬陵、大海道、珍珠岛等 67 个景点，节目将旅行团看到的景色用摄像机展现给观众，让观众也领略到景色的魅力。在行的方面，观众可以从节目中了解知名景点的旅行线路，除了大巴等交通工具，还能看到当地一些较有特色的交通工具，如张雨绮团队去往的墨西哥索奇米尔科生态公园，五颜六色的游船传达出当地人民的生活态度；钟楚曦团队去看恒河日出时乘坐的小舟，还有海上的邮轮、沙漠中的越野车、城市中的观光车。在食的方面，既有各地的知名美食与餐厅，如海明威经常去的佛罗里达酒馆；也有街边的小吃，如德里街头的火焰槟榔、墨西哥的油炸昆虫。在住的方面，则展现出恒河边的河景民俗，哈密大海道无人区的住宿地火星基地，徒步旅行中的帐篷等。旅行中可能遇到的游、行、食、住等各种问题和信息在节目中得到全方位展示。

2. 嫁接真人秀，展示社交关系

除了旅游信息，节目还通过分享艺人与素人、素人与素人之间的日常社交来吸引观众。节目引入真人秀模式，邀请艺人和素人们一起旅游，通过记录旅游的真实情况及后续采访引发的内心独白，展示人与人之间的交往。在旅行这一容易产生矛盾和情感、不可避免要进行各种交往的活动中，平时光鲜亮丽的艺人嘉宾，成为一位普通游客，和素人一起团游。旅行团中的团员性格各异，对事情有不同的看法与态度，艺人和素人的摩擦、素人之间的冲突，以及团员与导游如何解决旅途中语言不通的问题等，向观众展现了旅途中真实的社交关系。艺人嘉宾对待各种事情的应对方法各有不同，从侧面展现出艺人日常的真实性格和处世态度，在传递旅行信息的同时，也让观众在旅行中更加了解艺人，满足其好奇心，在生活中学习如何与人交往，增加了节目的关注度。

（1）艺人与素人。

在节目中，艺人嘉宾和来自不同行业的素人一起进行真实的拼团游，其创新点是加入素人元素，星素同框，与《妻子的浪漫旅行》等节目不同，镜头前的旅行不再只是集中于艺人。艺人和素人的混搭使节目能够展现出更多不一样的信息，素人元素的加入、艺人与素人的交往可以向观众展示出艺人日常生活中更加真实的性格和处事方式。首先，在旅行团中以素人居多，尽管艺人平时高高在上，但很少有与圈外人交往的经验，艺人纷纷自曝"社交恐惧"，艺人如何与素人平等相处、如何融入团队成为观众最想了解的，因此节目要善于发现并记录这些内容。例如，钟楚曦向同行团友讲述自己的童年经历及对爷爷奶奶的怀念，与团友分享自己对家人的想法，还在旅途中为团友做造型、挤痘，这些都拉近了艺人与大众之间的距离，使观众看到了一个不一样的艺人。其次，节目也要善于找出艺人与素人的不同之处。例如，节目对于陈学冬展现领导力和高情商的刻画，陈学冬曾单独开导贤贤让他压制情绪学会和他人更好相处；面对素人团员们矛盾的增多，开设"私聊专场"让团员一对一畅聊心声，解除彼此心中芥蒂、加深了解，以至于"陈学冬领导力"这一话题还登上微博热搜榜。❶最后，节目中还表现了艺人和素人对一些事物看法的不同，如艺人一般不喜欢拍照，艺人和素人聊天的兴趣点也不太一样。

（2）素人与素人。

与艺人和素人的关系相比，素人嘉宾之间的社交更能引发观众的共鸣。不同背景、不同价值观的素人其性格、观点也会不同，因此旅行中的摩擦在所难免。特别是一些随性洒脱团员的加盟及旅行中的社交情境更容易将这些矛盾放大。但节目并未止步于这些矛盾，在将这些矛盾呈现出来的同时，也在旅行中记录了团员之间的磨合与矛盾的和解。除了矛盾，素人之间在旅途中也结成了各式各样的友情，甚至碰撞出爱情的火花，对于这种感情的处理和纠结也映衬出不同人对待感情的态度。这四条旅行路线

❶　娱采网.《各位游客请注意》陈学冬成"拆弹达人"化解团队友情危机[EB/OL].（2019–09–09）[2020–12–20].https://www.sohu.com/a/339871373_821347.

就如同普通人参加过的一次跟团游，每个人互不相识，通过交往一步步熟络，从一起坐游船时彼此没有交谈感到尴尬，到不同性格不同生活状态的陌生团友住在一起引发的各种吐槽和矛盾，再到在饭桌上互相袒露自己的故事和大家敞开心扉，旅行团的团员们在旅行中收获了友情和生活。

信息是信息类节目所要传达的关键要素，《妻子的浪漫旅行》与《各位游客请注意》两个节目在分享旅行信息的同时，为观众呈现了有关夫妻情感、社会交往方面的知识，并引入真人秀节目手段，将这些信息和知识融入生活之中，在旅行中发现生活、在生活中生产信息，更全面和生动地为观众提供各种值得借鉴和学习的知识。除了真人秀的嫁接，场景化也是信息类节目经常运用的一种方式。

三、表现场景化：相亲、恋爱场景的转换与创新

节目中的人和事往往处于特定场景之中。场景的变换不仅可以推动节目情节向前发展，也有利于更多信息的呈现与传达。此处以服务相亲、婚恋的信息类节目为例，说明通过场景的运用、转换和创新，使节目为观众提供更多的有效信息。

（一）《新相亲大会》：中国式相亲场景

《新相亲大会》是一档原创模式的代际相亲节目，主持人是相亲节目的元老级主持孟非。《新相亲大会》将父母请进节目录制现场，参加子女相亲，显示了对父母意见的重视，再现了现实生活中的相亲场景与逻辑，更贴近中国的实际情况，被很多人称作"婚恋教科书"。通过引入父母参与，节目实现了公共展示场景、父母在场场景、嘉宾共处场景等多场景的变换与表现，能更全面地展现出当下不同人群对于恋爱和婚姻的看法，解

决恋爱和婚姻中出现的一些问题。节目并不以相亲服务为唯一目的，在呈现不同家庭影响下形形色色情感故事的同时，更强调在节目中探讨婚恋观、爱情观、家庭观，从中可以看到一个个普通中国家庭的缩影。❶ 进而引发嘉宾和观众对婚恋问题的思考，在学习的过程中收获感悟并得到蜕变与成长，与之类似的还有《中国新相亲》等节目。

1.公共展示场景

《非诚勿扰》的开播，为我国的相亲节目开启了一个高峰时代，各种不同类型的节目层出不穷，这些节目主要在演播大厅完成录制，男女嘉宾、主持人、常驻嘉宾等同在公共场景进行展示、交流。

《新相亲大会》同样保留了公共场景的设置。首先，男女嘉宾依旧在公共场景进行展示，包括其基本信息、相貌、家庭情况、生活经历等。其次，男女嘉宾的交流也主要发生在这个场景。再次，男女嘉宾最后的选择与牵手仪式同样在公共场景。最后，主持人则处在公共场景的中心位置。孟非不只是起到主持人的作用，他与男女嘉宾及父母、亲友之间关于相亲问题、婚恋问题的谈论可以映射出很多现实生活中出现的真实情况。并且他有时会对一些问题提出自己的解决方案，对男女嘉宾提出自己的人生建议，这些不只是对在场的家庭同样对电视机前的观众也有所启发。孟非的搭档的张纯烨也主要处在公共场景，不过起作用并不限于主持，或者为嘉宾父母出谋划策，或者作为闺蜜为女嘉宾提供建议。与孟非相对应，身为"90后"的她则更多代表了年轻人的看法。

2.家长在场场景

在我国，父母在子女婚恋问题上的参与度一直较高，也希望对子女的

---

❶　江苏卫视.温度与热度共振，甜蜜与成长并行，《新相亲大会》第四季更具质感[EB/OL].（2020−05−19）[2020−12−22].https://baijiahao.baidu.com/s?id=1667078016862875717&wfr=spider&for=pc.

婚恋发表意见。因此，与《非诚勿扰》只有 VCR 中单方父母亲友对嘉宾的主观描述不同，《新相亲大会》邀请双方父母亲友来到现场参加节目录制，加入家长在场的场景。"《新相亲大会》的最大特色，是设置以争夺'家庭话语权'为核心的代际冲突场景。父母与子女在每个家庭权力结构中的话语权各不相同，两者之间的冲突有时在所难免。"❶

家长在场符合中国式相亲的真实逻辑。父母长辈与子女或者其他嘉宾对待婚恋的不同看法传递出两代人不同的婚恋观，如一些父母更看重相亲对象的经济状况，但是嘉宾本人可能并不在意。节目营造出父母与子女两个讨论场，希望父母一代与子女一代进行充分沟通，互相理解，避免代际冲突的扩大。

其一，父母亲友掌握向男女嘉宾提问甚至直接灭灯的权利，但身处备选室的子女也有打电话给父母亲友阐述自己看法甚至爆灯的权利。通过上述设计，父母与年轻人之间对待相亲、婚恋的不同看法能够进行较为充分的交流。

其二，父母亲友的参与，将家庭因素引入相亲环节。一方面，不同家庭对待同样的婚恋问题会有不同观点。另一方面，父母的婚恋观、家庭的氛围都会对孩子有所影响。例如，有些家庭氛围严肃，有些氛围更为融洽，有些重组家庭的孩子会更珍惜另一半。以家庭为单位进行展示，能够向嘉宾传递更全面的信息，也有助于观众了解更全面的世界。

3. 嘉宾共处场景

《新相亲大会》的另一个特色是设置了嘉宾备选区，这里是青年人共处的场景，他们或者她们可以更率性地展示自己的喜好、表达自己的看法，审视出场的相亲对象，还可以和其他嘉宾进行讨论。这一场景设计，使得

---

❶ 曾一果，张文婷．电视相亲节目的代际互动与情感叙事——基于《新相亲大会》的考察[J]．中国电视，2020（08）：56-60.

备选室嘉宾之间围绕"相亲"衍生出更多有关爱情、亲情、家庭伦理乃至人生态度的话题，让观众短时间获得更多有用信息，激起观众观看的欲望。同时，当下年轻人勇敢追求、坦然面对的婚恋观也会影响父辈的看法。

另外，在《新相亲大会》第五季中，节目在嘉宾备选区设置了艺人助力官，邀请艺人为青年男女嘉宾和观众分享自己的婚恋故事。艺人和素人之间关于家庭、婚恋观点的碰撞，满足了观众好奇心，吸引更多观众观看。

（二）《我们恋爱吧》：封闭空间的巧妙运用

与相亲节目不同，《我们恋爱吧》主要从如何恋爱出发切入情感问题，观察单身男女嘉宾的恋爱过程。此类节目往往邀请陌生素人单身男女进入某一固定场所共同生活，以便其可以快速熟悉，也方便产生爱情或者发现彼此的问题。在《我们恋爱吧》第一季节目中，12 位素人单身男女被安排在更为封闭的邮轮之上。在空间的封闭与突破之间，可以发现更多情感信息，为单身男女青年提供情感生活指南。

1. 空间的封闭

节目的创新点是把恋爱节目搬到一个封闭空间中，如邮轮或者别墅。封闭空间会带来更多人与人的接触，进而会产生情感与冲突。当进入封闭空间时，一般没有网络，手机会被没收，这可以让参与嘉宾们排除杂念，有更多时间与异性接触、思考自己的情感问题，帮助他们更加理智、慎重地做出选择。这种特定空间造就的心理压力和体验让素人们更加容易直面自己的内心真实情感。封闭的空间里，可以展露更多真实信息，如每个人的沟通能力，社交能力等。而想要获得别人的关注，想要获得更多的别人的信息，想要进行正常的恋爱，就需要和别人进行沟通。❶ 通过节目，可

---

❶ 王智勇 . 恋爱观察类综艺节目的创新与思考——以《我们恋爱吧》为例 [J]. 视听界，2019（06）：68–70.

以让观众学到更多情感沟通的知识和技能。

2.空间的突破

封闭空间的利用也会产生一些问题，如有些素人嘉宾不习惯于一直处在镜头前，可能会因拘束而使一些活动无法被展现，一些问题难以深入探讨。再如封闭空间与现实生活有所区别，以至于有些嘉宾会不习惯快节奏的相处模式，难以达到现实生活中正常约会的效果。同时，长时间表现同一空间也会给观众带来审美疲劳与压抑感等。

节目需要在封闭空间的基础上寻求空间的突破与开放。特别是《我们恋爱吧》第一季邮轮相对狭小的空间为拍摄提出了更高的要求。因此，节目规定邮轮靠岸后，互相欣赏的男女嘉宾可以登陆约会。从封闭空间转换到开阔的、轻松的岸上户外场景，带给素人嘉宾和观众另一种感受。男女嘉宾岸上游玩与户外风景的展现更贴近真实生活，与封闭空间形成对比，两种空间的碰撞增加了新鲜感与代入感。

恋爱观察团艺人嘉宾与心理学家进行观察、讨论的演播室是对封闭空间的另一种突破与延展。双线或者多线叙事降低了封闭空间给观众带来的疲劳与压抑。一方面，艺人观察嘉宾和心理学家对素人嘉宾的表现进行分析、评价，对他们遇到的爱情问题进行讨论、提出自己的建议，有助于节目进展。另一方面，艺人观察嘉宾对素人嘉宾恋爱情形的看法，让观众了解到更多艺人不为人知的性格，满足了观众的好奇心。这些分析、讨论会带给观众一种参与感，让观众联想到日常生活中对自己朋友感情问题的探讨，而观察团的讨论结果和建议也可以让观众审视自己的情感问题，建立更正确的爱情观和价值观，为观众提供更多参考意见。

此外，《我们恋爱吧》为了观众能更广泛参与，在网络空间也有所突破，如节目在微博等社交平台上发出"最喜爱CP投票"，这让观众可以看到自己与其他观众的想法是否一致。同时，就此问题进行投票还可以激起更多讨论，引发更多话题。将空间延伸到网络，与艺人嘉宾一起讨论，进一步加深了节目的黏性与观众的参与感。

不同场景间的穿插可以展现出更多不一样的信息，因此信息类节目在表现方式上尤其应注重场景的变换与创新。相亲节目《新相亲大会》设定了公共展示、家长在场、嘉宾共处多种场景的转换，恋爱节目《我们恋爱吧》则通过空间的封闭与突破激发出更多在普通场景中难以呈现的信息。这些做法使信息表达更容易让观众接受，为青年人提供更多参考，有助于年轻人正确恋爱观、婚恋观和人生观的形式。

1. 信息类电视节目将来是否会越来越细化，为什么？

2. 信息类电视节目嫁接真人秀，除了《妻子的浪漫旅行》，还有哪些优秀案例？

3. 信息类电视节目的场景化表现有哪些创新？

第六节　户外真人秀节目的创意与策划

户外真人秀节目，是指节目的拍摄地点在户外，而非摄影棚内的真人秀节目。2000 年美国 CBS 电视台播出的野外生存真人秀节目《幸存者》获得巨大成功，成为当时的热门节目。不仅美国的《幸存者》播出多季，《幸存者》的英国版、澳大利亚版也相继开播。自《幸存者》成功后，《诱惑岛》《荒野求生》等户外真人秀节目陆续播出，成为欧美非常重要的一类真人秀。❶ 反观我国的户外真人秀节目，自 2000 年广东卫视推出国内

---

❶ 段然 . 户外真人秀节目的叙事模式 [J]. 青年记者，2014（21）：78–79.

第一档户外真人秀节目《生存大挑战》后，很长一段时间内没有出现较为优质的户外真人秀节目。2013 年、2014 年，《爸爸去哪儿》《奔跑吧兄弟》等节目的热播，再次将此类真人秀节目拉回人们的视线。从目前来看，我国户外真人秀节目有以下几类：以《奔跑吧兄弟》(《奔跑吧》) 为代表的游戏竞技类，以《跟着贝尔去冒险》为代表的生存挑战类，以《花儿与少年》为代表的旅行类，以《爸爸去哪儿》为代表的亲子互动类及以《极限挑战》为代表的体验类。我国的户外真人秀节目类型丰富多样，其中，游戏竞技类、野外生存类和体验类节目凭借强烈的冲突性、真实性和趣味性等特点成功收获了大批观众，凸显了"户外"的优势。

一、聚焦"真"，弱化"秀"：《跟着贝尔去冒险》摆脱台本预设

真人秀节目的核心在于"真"，户外真人秀节目若想将真实感最大化，首先就要摆脱台本的限制，拒绝设计好的节目走向，将嘉宾的真实反应和突发情况在节目中呈现，而不是刻意制造"真实"。相比室内真人秀节目，由于户外环境的复杂性，不可控因素较多，户外真人秀节目在一定程度上能够摆脱台本预设，弱化"秀"的成分，更体现节目的真实性。尤其生存挑战类真人秀节目更是如此，天然的野外环境导致更多的不确定因素，更有利于呈现嘉宾的真实一面，进一步减少前期预设的影响。

在美国探索频道的《荒野求生》节目中，冒险家贝尔·格里尔斯深入沙漠、丛林、荒漠等自然条件极其恶劣的地方进行挑战，节目真实自然，既满足了观众的娱乐需求，也让观众学习到了一些野外生存的技能。贝尔·格里尔斯也因这档节目火遍全球，被观众称为"站在食物链顶端的男人"，受到全球观众的喜爱。2015 年东方卫视播出《跟着贝尔去冒险》，邀请 8 位艺人及"智慧导师"蒋昌建进行丛林探险，借助《荒野求生》的

模式，并与本土语境相结合，以亚洲首档自然探索类纪实真人秀为定位，吸引了大量关注。❶

（一）拍摄场地的选择

《跟着贝尔去冒险》将节目拍摄地点选在贵州的荔波山区，荔波县位于贵州南部，地处云贵高原向广西丘陵过渡地带，为典型的喀斯特地貌区，森林覆盖率 65.3%，境内拥有 48595 公顷集中连片的原生性喀斯特森林，是地球上残存的分布集中、原生性强、相对稳定的喀斯特森林生态系统。❷ 原始山川树木，湍流不息的瀑布，陡峭险峻的山峰这种原生态的环境充分展现了节目的真实性。

（二）激发嘉宾真实反应

节目以一个终极大任务为目标，在各期节目中设置各种小任务，每期进行不同的挑战，各个环节环环相扣，悬念层层递进，引发观众无尽的好奇心。节目中嘉宾除了要想尽办法在艰难的环境中生存下去，还要完成贝尔为他们设置的残酷考验环节。在困境面前，嘉宾们很难隐藏自己内心的真实想法，本能的反应能够引发观众强烈的情感共鸣。而这种略带刺激性和强烈真实性的环节设置也正是节目吸引观众的关键点，节目透过嘉宾的真实反应更加凸显户外真人秀节目的"真"。

---

❶　赵丹 . 探析《跟着贝尔去冒险》本土化创作语境下的模式创新 [J]. 当代电视，2018（06）：46-47.

❷　贵州都市报 .《跟着贝尔去冒险》开拍荔波景区将上演 "荒野求生 [EB/OL]. （2015-08-07）[2020-12-22].http://gz.sina.com.cn/news/city/2015-08-07/detail-ifxftkps3542601.shtml?from=waphttp://gz.sina.com.cn/news/city/2015-08-07/detail-ifxftkps3542601.shtml?from=wap.

（三）真实再现突发情况

嘉宾们在丛林里进行的这次旅程，没有舒服的房间、没有像样的食物、没有干净的衣服，一切都要靠自己的双手获得。嘉宾们要翻山越岭寻找适合过夜的地方，要穿过泥泞崎岖的丛林寻找水源和食物……而在这样艰苦的环境下，一方面，平日里光鲜亮丽的艺人素颜出境、浑身上下满是泥巴和伤痕，如此大的人物形象反差构成节目的冲击力；另一方面，节目自然也要面对很多突发情况，如张丹峰从悬崖上下来时被突如其来的落石直击头部，蒋昌建意外骨折导致缺席录制等。由于野外环境带来的不确定性，即便节目组做了充分的风险预估也无法预料到所有类似的突发情况，而对这些突发情况的真实记录符合观众对节目的认知，进一步彰显了节目的真实性，以及与其他节目的不同之处。

一方面，《跟着贝尔去冒险》节目通过场地的选择、环节的设置、突发情况的真实再现三个方面充分展现了节目的真实性，这是节目获得成功的首要原因。另一方面，由于受到文化背景和价值观念的影响，《荒野求生》节目比较注重个人主义，突出强调了贝尔个人的冒险精神，而《跟着贝尔去冒险》更加强调集体主义，在节目中主要传达的是艺人们不畏艰难、勇闯难关的协作精神，是这档节目在本土化语境下做出的有益调整。而"本土化"也是《奔跑吧兄弟》的显著特色。

二、本土化改造:《奔跑吧兄弟》中的"中国风格"

"中国电视真人秀节目的产生和发展大体经历了两个阶段：照搬借鉴和本土化改造。20世纪90年代中期开始，一些地方电视台完全照搬港台电视娱乐节目形态，形成一股娱乐风潮。2000年前后，真人秀节目的出现依然沿袭这种照搬方式。事实证明，在这类照搬模仿的节目刚出现时，会引起观众的好奇而得到关注，但在各个电视台争相模仿形成同质化的大势头时，由于文化的差异性所造成的形似而实不至，使这类节目'借'进来后几乎就失去了味道。"❶在意识到这个问题后，我国的一些真人秀节目开始进行本土化改造，展现中国特色，打造符合我国受众审美需求和时代要求的优质真人秀节目。

《奔跑吧兄弟》作为我国较早的一档户外真人秀节目，由浙江卫视引进自韩国 SBS 电视台的综艺节目 *Running Man*，于 2014 年 10 月首播，第五季开始更名为《奔跑吧》。截至 2021 年，《奔跑吧》也已经播出 4 季，并且《奔跑吧》特别季——《黄河篇》，也已完结。在我国竞争激烈的众多真人秀节目中，这档节目可以说是一个长青节目。该节目在引进国外节目的同时进行本土化改造，凸显了中国风格，主要表现在以下几个方面。

（一）呈现中国元素

《奔跑吧兄弟》虽然源于经典的韩国综艺模式，但节目组在引进后进行了本土化改造，在视觉呈现上融入了诸多的中国元素，更加贴近国内观众的生活。如《奔跑吧兄弟》第一季第 2 期中的"乌篷船""石板巷"，第三季第 1 期中的中国第一古刹白马寺，第四季第 9 期节目中嘉宾们所穿的交领右衽改制汉服，以及第六季（《奔跑吧》第二季）第 4 期"学霸龙舟赛"中的"龙舟"等。这些元素都有着鲜明的中国特色，容易让观众产生亲切感和熟悉感。除此以外，《奔跑吧兄弟》节目在保留了韩国 *Running Man* 中指压板、弹射椅、撕名牌等几个经典游戏环节之外，还将中国元素融入游戏环节。《奔跑吧兄弟》第三季播出前后正值"国学大热"时期，

---

❶　张忠仁. 当代电视真人秀的传播困境与解决之道 [J]. 现代传播，2010（10）：79-82.

以中央电视台《中国汉字听写大会》为代表的汉字类文化节目火爆荧屏，节目在第1期便设置了"形体汉字"游戏环节，嘉宾们需要合作用身体摆出题目中的汉字，由指定成员进行猜测，全新的游戏环节既新奇又有趣。这些具有中国特色元素的融入为节目打上了鲜明的本土化烙印。

（二）蕴含中国文化

文化背景的接近性有利于观众快速了解并熟悉节目内容，拉近节目与观众之间的距离。《奔跑吧兄弟》将中国文化融入节目中，并根据特定主题赋予每期节目不同的背景，将神话故事、经典影视作品、武侠文化及传世名作等在节目中体现，熟悉的故事、经典的画面能让观众产生代入感，沉浸到节目中。首先，是节目内容中的中国文化，如《奔跑吧兄弟》第一季第2期节目再现了《新白娘子传奇》《还珠格格》《流星花园》《甜蜜蜜》以及《大话西游》这几部影视作品的经典场景，将影视剧中人物的爱情故事与节目的人物故事串联起来，形成连贯的剧情，引发观众的观看欲望。此外，第三季第1期节目"形体汉字"环节同样也是中国文化的一种软植入。其次，是节目背景中蕴含的中国文化，《奔跑吧兄弟》第四季第1期来到拥有4000多年历史的吴越文化的发源地绍兴鲁镇，以吴越大战作为节目背景进行录制，在片头为观众讲述了吴越大战的历史典故之后，跑男团成员扮演不同的武林高手出场，并进行"武林争霸赛"，将"武侠文化"也融入节目中。最后，是节目主题中的中国文化，《奔跑吧兄弟》第七季（《奔跑吧》第三季）第4期将"中国功夫"作为节目主题，跑男团和嘉宾们各个"身怀绝技"，为观众演绎了一场跑男版的"武林大会"。第八季第3期节目中成员们在听完关于《清明上河图》的讲解后突然集体穿越到画中，整期节目便围绕《清明上河图》中的故事展开，并且河南武术、瘦金体书法在这期节目中也有所体现。中国文化的融入使观众在观看时能够产生强烈的认同感，也使节目内容更加丰富。

（三）展现地方特色

《奔跑吧兄弟》每季的录制地点大多以"国内＋国外"相结合的形式，其中大部分地点选自国内，每季节目只有 1 ~ 3 期选自国外。如第二季、第三季和第五季的最后两期节目分别在美国的塞班岛、澳大利亚的墨尔本和阿德莱德、捷克的布拉格录制，第六季的前三期节目在奥地利的维也纳和因斯布鲁克录制。但由于这档节目引进自韩国，受到原版节目的影响较大，在第一季节目中仅前五期就有三期都是在韩国首尔进行录制的，第四季的第 5 期和第 7 期节目同样在韩国首尔录制。随着本土化改造的不断深入，从第七季（《奔跑吧》第三季）开始，节目的录制地点完全回归国内，并且节目地域风格和民族特色愈发鲜明。如义乌、延安、东北等这些具有地方特色的地点在节目中逐渐增多。节目第五季第 1 期选取浙江义乌为录制地点，用玩游戏的形式为观众科普了义乌发展初期"鸡毛换糖"的历史，为观众再现了义乌几十年的发展变化历程。第 6 期和第 7 期节目组来到陕西延安，跑男团和嘉宾与西安合唱团成员在黄河边一起为全国观众献唱红色歌曲《保卫黄河》，让观众感受到了浓郁的陕北风情。此外，还有辽宁鞍山、云南大理、陕西西安、河南开封、内蒙古阿尔山等地。地方特色的融入更加彰显了"中国风格"。

（四）贴合热点话题

"既有意思又有意义"是《奔跑吧兄弟》节目能够长久发展的重要原因，节目主要通过对热点话题的迎合进行创新，深化节目意义。如环境污染问题一直是我国的一个重大问题，2019 年国家出台了《生活垃圾分类制度实施方案》。《奔跑吧兄弟》（《奔跑吧》第三季）在第七季首播时便将"垃圾分类"作为节目主题，嘉宾们采用竞赛答题的形式向观众科普垃圾分类的相关知识，分享垃圾分类的生活小妙招。通过实地参观体验垃圾处理工厂的方式让观众了解垃圾处理的复杂过程，体会环卫工人工作的艰难。节目主题贴合了国家倡导的垃圾分类政策，利用艺人效应宣传垃圾分类政策，提高了受众的环保观念。特别季《黄河篇》更是如此，这季节目以青海、陕西、宁夏为节目拍摄地，通过创新游戏环节，直播带货等形式助力国家的"脱贫攻坚"工作。如第3期节目，跑男团来到陕西韩城，作为"特产推荐官"展示当地的特产，并通过直播带货的形式向全国观众推广当地特产，以及第5期对西海固20年变化发展的再现向观众展现"脱贫攻坚"工作取得的进展。这样的节目立意深化了节目主题，使节目更具社会价值。

《奔跑吧兄弟》节目立足本土，融入中国特色，在满足观众娱乐需求的同时传承和弘扬了中华文化，充分发挥了电视媒体的引领作用。也正是以上的改变和创新使得这档节目能够经久不衰，成为户外真人秀节目研究样本综艺。

就目前而言，本土化已经成为户外真人秀节目创新发展的一大趋势，除了《奔跑吧》节目，《极限挑战》在本土化方面的探索也十分值得学习，如这档节目第四季播出的以"致敬改革开放40周年"为主题的节目，在香港回归20周年之际，展开香港环游记，带领观众感受香港丰富多彩的生活等。同时这档节目在人物形象塑造与冲突性营造的方面也形成自己特色。

三、形象塑造与人物关系:《极限挑战》中的差异化与冲突性

制造矛盾与冲突是真人秀节目吸引观众的惯用方式，通过这种方式能增加节目的看点，引发观众对剧情的好奇心，从而激发观看欲望。但随着

户外真人秀节目市场竞争的激烈化，一些节目为吸引观众便刻意制造矛盾与冲突博取观众眼球，长久来看，这样的方式并不利于节目的发展。为此，一些节目开始寻求新的发展点，《极限挑战》通过形象塑造和人物关系两方面的设计，打造了一档深受观众喜爱的户外真人秀节目。这档节目于 2015 年 6 月在东方卫视首播，目前第七季正在热播中。虽然节目后期在嘉宾选择上做了些调整，与最初的"极限男人帮"设定有一定的违背，但是该节目在风格上和情节设置上仍做了很好的延续。

（一）嘉宾人物形象的差异化

对于真人秀节目来说，"人"是节目的灵魂所在，人物形象的塑造是否具有吸引力是影响节目效果的重要因素。《极限挑战》节目所塑造的"极限男人帮"的人物形象既鲜明又独特。成员差异化的设定让节目更具看点和笑点。

此外，"节目对于嘉宾的形象塑造也从节目内延续到节目外，节目以嘉宾的性格特点、有趣故事向网友发问，提高观众参与互动的积极性。通过微博互动与电视节目高度融合，艺人嘉宾的人物形象和角色定位在受众中得到了进一步强化。"[1]6 位嘉宾在节目外的交流和互动也为节目带来了热度。《极限挑战》塑造了 6 个丰满且独特的人物形象，让观众记住了"极限男人帮"的同时也记住了这档节目。

（二）复杂人物关系激化冲突

《极限挑战》通过差异化的形象塑造为节目增加了看点，而这些人物之间的复杂关系对节目矛盾和冲突的营造有着至关重要的作用。一方面，

---

[1]　梁少玲 . 论真人秀节目人物设置和形象塑造的重要性 [J]. 传播与版权，2017（05）：92-95.

节目中任务的设置和剧情的变化发展影响着人物之间的关系变化，可能上一秒还是队友，下一秒就变成对手。另一方面，人物之间不断变化的关系也推动着节目剧情的发展，产生戏剧化的效果。每期节目中嘉宾们都会与不同的成员进行组合，复杂多变的合作和对立关系碰撞出火花，使得节目笑料不断。在完成任务时，嘉宾们经常会选择寻找一位或两位成员进行结盟，希望通过合作的形式干掉其余对手，取得胜利。而事实却往往不尽如人意，嘉宾常因突然转变的情况倒戈，戏剧性的反转情节激化了人物之间的矛盾，加剧了节目的冲突性。

近年来，我国的户外真人秀节目遍地开花，获得了良好的发展。而在发展中也存在一些问题，如有些节目为了在短时间提升知名度和收视率，通过后期剪辑的方式，放大嘉宾之间的冲突来博取流量和话题，丧失了户外真人秀节目的本质。长久以往，观众会产生视觉疲劳，反而不利于节目的发展。因此，如何在保证真实性的基础上进行转变和创新，是户外真人秀节目未来发展的重要方向。

1. 户外节目在表现形式上呈现较大的同质化，或是记录，或是做任务、游戏，如何解决这一问题？

2.《奔跑吧》《极限挑战》等户外节目逐渐出现收视率下滑的现象，为什么？

第七节 慢综艺节目的创意与策划

随着我国电视真人秀节目的不断发展，市场竞争愈发激烈，以竞技和冲突为典型特征的快节奏真人秀节目数量不断增多，趋于同质化的节目形式和内容越来越难吸引受众的注意力，真人秀节目亟待新鲜元素的融入，而慢综艺的出现恰好为真人秀节目打开了新的市场。慢综艺电视节目指的是与快综艺相对的一种叙事节奏较慢、没有剧本设置和明确任务的电视真人秀节目形态。它将艺人放在较为宽松自由的环境之中，通过全方位的摄像记录，展现出艺人个人最真实自然的状态。[1]2009年，挪威电视节目《卑尔根铁路：分分秒秒》掀开慢综艺帷幕。该节目贴近受众崇尚自然、渴望返璞归真的心理，创造了无剧本无干预的纪录片式综艺新形态。[2] 而我国的慢综艺节目在2017年才开始逐渐登上荧屏，并且比较火的几档慢综艺节目均是借鉴韩国的节目，从《三时三餐》到《向往的生活》，从《尹食堂》到《中餐厅》，从《孝利家的民宿》到《亲爱的客栈》，我国的节目中都可以看到韩国慢综艺的影子。而韩国成熟的节目形式也为我国慢综艺的火热发展奠定了基础。

慢综艺的火热发展是有其必然性的，现代社会的快速发展使受众的现实生活处在"倍速"的状态下，无论是生活压力还是工作压力都让人们不得不去加快脚步，因此在繁忙的快节奏生活之余人们更想获得一份内心深处的宁静，而慢综艺的出现恰好满足了受众的需求。首先，慢节奏的节目剧情、温情化的节目设计能够起到舒缓身心、消解疲劳的作用，生活化、亲自然的表达方式成为缓解受众焦虑的重要方式。其次，生活在都市的人们每天都在科技的包围下享受着各种现代化的便捷和快感，而慢综艺节目中展现的朴实简单、原始本真的生活方式满足了受众对恬淡闲适生活的无限向往，让受众间接体验到新的生活方式。

---

[1] 夏雨晴，宗俊伟. 国产慢综艺电视节目传播价值——以《向往的生活》为例 [J]. 新闻爱好者，2020（06）：85-87.

[2] 肖雅.《我们是真正的朋友》：慢综艺创作的新思路与启示 [J]. 视听，2020（07）：29-30.

一、生活场景真实化:《向往的生活》的田园生活

(一)选择恰当的取景地

为使节目场景更加真实，提升受众的观感体验，挑选适合节目风格的取景地至关重要。具体到单个节目中即不仅要符合慢综艺节目特点更要凸显自身节目特色，如《向往的生活》第一季取景地在北京郊区附近的小城里，第二季的取景地在浙江桐庐的小镇上以及第三季的湘西古丈县默戎镇和第四季的云南省景洪市勐罕镇曼远村。四季的取景地都符合节目想要展现的"归园田居"的乡村生活的特点，真实的自然环境有利于提高观众视觉体验，观众能更好地融入节目。

另外两档慢综艺节目同样如此，《亲爱的客栈》第一季将民宿设在环境优美的泸沽湖湖畔，第二季选在了"森林氧吧"阿尔山附近，第三季则选在了有着"中国版摩洛哥"之称的沙漠绿洲中卫。《中餐厅》在泰国的象岛、法国的科马尔小镇、意大利的西西里岛进行拍摄。这些节目的取景地都远离城市且环境优美，但又有各自节目的特色。适当的取景地能为节目营造特定的生活场景，这起到增益作用，仅靠取景地的特色就能吸引一大批观众。

(二)再现田园生活场景

随着城市化的快速发展，"返璞归真"的生活方式越来越受到欢迎。《向往的生活》吸引受众的关键点便是对田园生活的展现。砍柴生火、种菜养鸡、下河捉鱼这些场景现在已经很少出现在受众的现实生活中，这种生活方式对习惯了快节奏和现代化生活方式的人们来说可望而不可得。《向往的生活》便利用了受众这一心理，让艺人们远离都市，聚集到"蘑菇屋"，

通过艺人们一起下田劳动、种菜收菜，用劳动去换取食材招待客人等真实的生活场景的展现满足受众的欲望。在艺人们体验真实的田园生活的同时，受众透过节目不仅能获得身心的放松也能间接体验到田园生活的乐趣。

《中餐厅》和《亲爱的客栈》虽然展现的不是田园生活，但也是慢节奏的惬意生活。《中餐厅》节目中艺人嘉宾迈出国门经营餐厅，在节目中嘉宾们分揽迎宾、做饭、洗碗、服务等不同工作，大家相互配合赚取收入。《亲爱的客栈》中艺人共同经营一家民宿，嘉宾们各自分工共同招待来宾。嘉宾们褪去艺人光环，远离快节奏的都市生活，展现出最真实的生活状态，而这些节目中所展现的日出而作、日落而息的平淡生活正是居住在繁忙都市的人们所向往的生活。

（三）营造"家"的氛围

家，在中国人的潜意识中是温暖的港湾。《向往的生活》延续了传统中国家庭的人物结构。家庭成员所居住的"蘑菇屋"里，还有在成长的小动物，如狗（小 H）、鸭子（彩灯）、羊（天霸）等，也给它们赋予了"家人"的定位。❶当有客人做客时，"家中长辈"，一个负责做饭招待客人，另一个则负责陪客人聊天。这样的人物关系设置更凸显了"家"的氛围感，加之中国人自古以来就对"家"有着难以割舍的情结，提起"家"自然就会联想到温馨、暖人的画面。一群人围坐一起吃饭聊天，谈人生、谈理想、纵情歌唱……这样平凡温馨的生活场景既真实又暖心，将很多人向往却很难拥有的生活场景展现出来，给观众带来精神上的慰藉。通过"家"的氛围的营造，让节目更加真实贴近生活，拉近与受众的心理距离。

此外，慢综艺节目没有密集的笑点、刺激的游戏环节和强烈的人物冲

---

❶ 肖辉馨，孙开恩.家文化：慢综艺节目的情感表达方式初探——以《向往的生活》和《忘不了餐厅》为例 [J].新闻世界，2020（03）：24-26.

突，节目主题主要涉及友情、亲情等，强调的是人与人之间和人与自然之间和谐亲密的关系，走的是温情路线。《向往的生活》将自给自足、平凡恬淡的"田园生活"作为一种生活方式的表达，将"大智慧"融入"小事情"中，表达的不仅是一种生活方式，更是一种人生态度。《中餐厅》这档节目主要是艺人们通过在国外经营中餐厅的形式宣传推广中华美食，让"中国味道"走向世界的理念，契合了讲好中国故事的主旋律精神，嘉宾们在经营餐厅时面对困难所表现出来的坚韧、团结的精神也深深感染着观众。这些节目在带给观众娱乐体验的同时，对观众正确价值观念的树立也起到一定的引导作用。

二、广告植入自然化：生活中充满各种"向往"

由于真人秀节目大多按期播放，在一期节目中过多的广告植入会严重影响受众的观感体验，进而影响到节目的收视率。一档优秀的真人秀节目要在保证节目口碑的前提下做好广告植入，这需要花费大量的心思来设计。《向往的生活》通过巧妙的人物对白、道具植入、情境融入等方式尽可能的减小了广告植入带来的负面影响，让广告成为节目内容的一部分，使广告宣传自然化、合理化。

（一）对白中的植入

要想做好对白植入首先要保证广告内容与对话内容相贴近，不能为了植入而生搬硬套，还要注意植入时机。《向往的生活》中的对白植入与对话的场景氛围就十分贴合。在合适的时机进行恰当的植入，既不突兀也不会引发受众反感。其次对白植入也要讲究趣味性，即便是很明显的对白植入，通过幽默风趣的形式出现也能减少受众的厌恶情绪。在第二季首期节目中，黄磊打趣说道要在第一期将所有的广告赞助植入完，之后与何炅两人一来一回在几分钟内讲完一季的广告植入，这段对话被官方微博单独发出来后引发网友的疯狂转载，网友戏称两人的这段堪称广告植入的经典。这样的小创意将广告植入做得既风趣又幽默，观众虽然听了一大段广告，非但不会觉得生硬和无聊，反而被这种方式所吸引，这样的广告植入方式让受众心理上的接受程度大大提高。

（二）道具中的植入

通过道具进行植入是比较简单的植入方式，这种方式在真人秀节目中出现的频率也较高。但是由于每期节目需要植入的广告数量不止一个，如何将道具植入既做得自然又能给观众留下深刻印象至关重要。《向往的生活》每季的广告商数量都很多，在第四季时广告商多达 14 个，而这要在90 分钟的节目中进行体现难度较大，为此节目组设计了多样化组合方式的道具植入形式。如节目对江中猴菇米稀这一产品的植入就是很好的示范，不仅在"蘑菇屋"里观众可以随处看到摆放整齐的江中猴菇米稀，就连嘉宾们手里拿的抱枕上也印有猴菇米稀的字样。节目组还让嘉宾们将猴菇米稀做成各式花样的早餐，巧妙地将其与节目的内容联系起来，做到更深层次的植入。除此以外，节目中的赞助产品大多都是生活用品，它们便于在相应的场景中出现，如卫生间的冷酸灵、三草两木、美颜秘籍以及灶台上的道道全菜籽油等。❶ 生活场景中道具的使用容易引起关注，受众的接近程度较高。《向往的生活》正是通过多样化的组合方式让道具中的广告植入既简单又不失新意。

---

❶　靳雅珺 . 综艺节目《向往的生活》广告植入研究 [J]. 现代营销（信息版），2020（03）：70.

（三）情境中的植入

情境中的植入指将广告与节目融为一体，受众在观看节目时相关的广告信息会于无形中进入到受众的脑海，不留痕迹却印象深刻。这种方式最大的优势是不会引起受众的反感情绪。《向往的生活》充分利用了产品的特点进行场景营造。嘉宾们把"小度"视为"智多星"一样的节目成员，当大家遇到一些生活上的难题时总会向"小度"进行求助。由于嘉宾们生活场景和所问的问题与观众的接近程度较高，"小度"表现出的便捷性和智能化很容易引起观众的注意。节目还会通过极具笑点的情境加深观众对产品的印象。节目利用"小度"与嘉宾们的互动制造了一个有趣的情境，既博得了观众的笑声也让"小度"给观众留下深刻印象。情境中的广告植入将产品和节目剧情做了很好的融合，观众在观看节目时无形中形成对产品的特有印象，能够起到较好的宣传效果。

1. 慢综艺走红原因是什么？
2. 当下慢综艺有哪些发展困境？未来发展方向在何处？

第三章　新兴媒体的创意与策划

第一节　微博营销的创意与策划

微博，即微型博客的简称，是能够在信息即时共享基础上实现用户间传播互动的社交媒体平台。微博由于其自身的公共性、社交性、聚合性、实时性、扩散性等特点成为各类组织和个人用户进行营销的重要传播媒介。微博一方面给传统营销理念和模式带来巨大冲击，另一方面也为社交媒体时代营销的实践活动提供了新的平台与路径。新浪微博创立于2009年，2014年正式更名为微博，以下案例主要指新浪微博。

据第47次《中国互联网络发展状况统计报告》数据显示，截至2020年12月，我国网民规模达9.89亿人，互联网普及率达到70.4%；手机网民规模达9.86亿人，在总体网民中占比99.7%[1]，移动设备的普及促进了"万物互联"时代的到来。据新浪微博数据中心发布的《2018年微博用户

---

[1]　中国互联网络信息中心. 第47次《中国互联网络发展状况统计报告》[EB/OL].（2021-02-03）[2021-04-05].http://cnnic.cn/gywm/xwzx/rdxw/20172017_7084/202102/t20210203_71364.htm.

发展报告》，截至 2018 年第四季度，微博月活跃用户增至 4.62 亿，日活跃用户增至 2 亿。微博移动化趋势持续增强，月活跃用户中移动端占比 93%。❶ 由此可见，微博拥有庞大的用户群体，具有极高的营销价值。

一、组织的微博营销

（一）与用户持续互动：亲民形象与深度参与

1. "故宫淘宝"：打造亲民形象

近年来，文创产业成为博物馆发展的新兴领域。故宫为中国明、清两代的皇宫，又称紫禁城。故宫博物院建立于 1925 年 10 月 10 日，就位于北京故宫紫禁城内。但由于以往传统刻板的传播方式，故宫博物院很长一段时间带给民众严肃、高高在上甚至枯燥乏味的刻板印象。在此背景下，故宫博物院将中国传统文化与社交媒体结合，通过包括微博在内多个新媒体平台打造亲切的拟人化形象，走出一条博物馆文创产品的产业化道路。

"故宫淘宝"这一品牌是北京故宫文化服务中心在淘宝网开设的企业店铺，全称为"故宫淘宝——来自故宫的礼物"，文创产品的创意多来自故宫文物。为了更好地宣传品牌，与消费者沟通，北京故宫文化服务中心于 2010 年开设"故宫淘宝"官方微博，并在置顶微博中附有官方淘宝店铺链接。在走亲民化路线下，"故宫淘宝"官方微博通过发布相关文创产品图片等方式，引导用户前往店铺购物，取得了良好的引流效果。截至 2021 年 2 月，"故宫淘宝"官方微博粉丝数 102 万，"故宫淘宝"店铺粉丝数 725 万，并仍在持续增长。

---

❶ 新浪微博数据中心 .2018 微博用户发展报告 [EB/OL].（2019-03-15）[2020-12-25]. https://data.weibo.com/report/reportDetail?id=433.

（1）生活化语言，拉近与用户距离。

自 2010 年发布第一条微博以来，"故宫淘宝"官方微博的营销内容从未间断。早期阶段，"故宫淘宝"官方微博多以科普的形式展示文创产品的设计内涵，品牌背后的文化底蕴。而现阶段，"故宫淘宝"官方微博更多以平易近人、朴实易懂的语言打造品牌形象，为微博用户介绍相关产品信息。同时，与其他营销号多使用煽动性文字不同，"故宫淘宝"官方微博多使用生活化的语言，为消费者建立一个在虚拟网络空间中有血有肉的人物形象。他们尤其善于使用互联网语言，拉近与用户特别是年轻用户的距离。

另外，通过第一人称的使用，将故宫博物院和"故宫淘宝"官方微博拟人化，发布信息就像与小伙伴聊家常一般，进一步营造生活化情景。"朕"在古代是帝王的专属自称，已经成为过去时，但由于清宫剧的热播，这个字对于大部分人来说并不陌生。"故宫淘宝"官方微博使用"朕"作为第一人称，自然不是要显得自己高高在上、与众不同，恰恰相反，是在承接故宫博物院历史渊源、传递其品牌形象的同时，让历史走出教科书，走进生活，使得与粉丝的沟通更加亲切。

（2）集体"卖萌"，传播品牌形象。

紫禁城始建于明朝，历史悠久，与之有关的人、物和事是故宫博物院进行传播时的一笔巨大财富。"故宫淘宝"官方微博借助于此，对历史人物、经典藏品进行萌化处理，将其制作成"卖萌"形象的动画、图片、表情包等，打造出一个个鲜活的形象，营造出欢乐有趣的氛围。现代社会，由于工作和生活压力较大，人们尤其是青年人恰恰需要轻松、幽默的内容来为其减压。因此，"故宫淘宝"官方微博所传递的"卖萌"形象能够迎合用户的心理与接受习惯，收到了良好的宣传效果。❶这一做法让历史

---

❶ 曹玉苗 . 博物馆文创产品的新媒体营销推广——以故宫淘宝为例 [J]. 新媒体研究，2018，4（09）：54-55.

人物不再严肃，藏品也不再神秘，让产品和品牌更加俏皮，进一步传达了"故宫淘宝"官方微博这一品牌的亲民特点。

2015 年 3 月，在宣传"胤禛耕织图记事本"这一文化产品时，"故宫淘宝"官方微博发布题为《朕有个好爸爸》的文章，无论是标题还是打开链接第一眼看到的雍正笑容可掬的图片，都与历史上雍正皇帝的形象大不相同。他如同一个孩童一般向大家也可以说向他的父亲卖萌撒娇。文章从雍正到康熙，从康熙帝版的《耕织图》到雍正版的《耕织图》，最后落脚到"胤禛耕织图记事本"，既讲述了历史文化，又道出了文化产品的来龙去脉，使得该产品的价值更加丰满。❶

"故宫淘宝"官方微博在运营中还经常使用"卖萌"的表情符号与表情包，使人们更生动地感知品牌和产品的情绪变化，进一步拉近与品牌的距离。如 2020 年 12 月推广锦囊鸟毛绒挂件这一文创产品时，"故宫淘宝"官方微博用多条短句加以相对应的卖萌表情符号，句尾多使用感叹词和标点符号，再配上九张与具体场景互动的锦囊鸟挂件，让锦囊鸟的可爱形象更为立体，尤其吸引年轻用户的兴趣与购买欲望。评论区多位用户表示"天呐，这也太可爱了吧！""好想要一只！有没有哪里可以买啊？"，表达了粉丝用户对这一产品的喜爱。

（3）持续性互动，配合产品宣传。

此外，"故宫淘宝"官方微博也非常重视微博的互动。一方面促进用户通过微博与淘宝店铺发生积极互动，其置顶微博就是一条"故宫淘宝"淘宝店铺的地址链接，可以方便用户购买产品。另一方面是与"四川广汉三星堆博物馆""海尔"等其他品牌、机构官方微博的互动。

当然更重要的是积极与粉丝展开互动。在互动中，"故宫淘宝"官方微

---

❶ 段送爽．"故宫淘宝"：新媒体时代文化产品传播策略探析 [J]．中国记者，2016（06）：79-80．

博也承袭了其卖萌的一贯风格。当与消费者进行互动时，常常以"故公公"或"本宫"自居，让人有穿越到明清时期紫禁城的感觉。而当如粉丝转发迪士尼结婚现场照片并评论"我想在故宫办婚礼，凤冠霞帔走正门"时，"故宫淘宝"官方微博却转发评论"你清醒一点"，被粉丝戏称"来自官方的拒绝"。

2017年4月28日，"故宫淘宝"官方微博发布一篇名为《假如故宫进入彩妆界》的文章，引起大量粉丝转发、评论。后有热心粉丝进行二次创作，用故宫出品的纸胶带对大牌口红进行包装，大牌彩妆的国际化与故宫文创的传统性的碰撞引起热议，许多粉丝纷纷效仿并发图分享。随后，"故宫淘宝"官方微博连续转发多条粉丝彩妆"贴膜"的买家秀，为后期推出的故宫彩妆造势。无论是本就关注"故宫淘宝"官方微博的粉丝群体，还是在扩散中关注到此次事件的普通微博用户，他们的热烈响应让"故宫淘宝"官方微博看到彩妆产品与故宫IP结合的可能性。同年12月，"故宫淘宝"官方微博推出自己的一系列彩妆产品，首次上架就一度脱销，用户在各大平台纷纷对产品的体验、评测情况进行分享，红极一时。"故宫淘宝"官方微博与粉丝之间持续性的互动在无形之间增加了品牌黏性，消费者的反馈为企业今后的发展提供了有价值的参考。❶通过持续地与粉丝互动，配合了产品与品牌的推广，并在此基础上还能吸引粉丝用户自发参与品牌宣传与产品创意中来，促成了故宫彩妆这一跨界营销。

在当下浮躁重压的社会，"故宫淘宝"官方微博所建立起的轻松俏皮、具有文化归属感的亲民形象，无疑在情感上激发了用户对于品牌的依赖和信任。"故宫出品，必属精品"已成为广大消费者共同的认知，而其重要社交平台"故宫淘宝"官方微博无疑在拉近与用户距离、传播品牌形象以

---

❶ 周平，王梅琳."故宫淘宝"的社交媒体营销策略探讨[J].视听，2020（01）：174-175.

及配合产品宣传方面做出了重要贡献，起到了重要作用。

2. 海尔：引导用户深度参与

在社交媒体时代，越来越多的企业认识到微博的影响力，纷纷创建自己的官方微博。在这群企业蓝 V 大军中，海尔集团官方微博善于利用社交媒体的特点进行营销，多次引爆热点，扩大其品牌影响力。

早在 2014 年 1 月，海尔集团进行战略调整，停止在传统媒体上投放广告。2016 年 5 月 20 日，海尔开始在其官方微博承接广告，定价 100 万元起投。被称为 80 万蓝 V 总教头的海尔新媒体营收过千万元，成为自负盈亏的创业公司，已经完全具备媒体功能，而这一切都得益于其在社交媒体上的成功营销。

（1）重视用户需求，第一时间做出反应。

2016 年，"故宫淘宝"官方微博的一位粉丝提议，能不能做一款名为冷宫的冰箱贴，可以对剩饭剩菜说"给朕打入冷宫"。微博用户 @幽冥蓝 YuuiFox 转发并 @海尔，询问是否可以出一款外观是宫殿的迷你冰箱，宫牌打上"冷宫"。海尔官方微博在第一时间回复了这条微博，并说"容我们考虑考虑"❶。当晚后台收到七万多条私信、回复和点赞，海尔官方微博整理出 5000 多条有价值的信息提供给海尔冰箱制造部。同时联合了一些数据机构，汇总出整个用户群体的大数据，包括年龄层次、购买力和产品预期等。在将数据反馈给海尔冰箱制造部门后，海尔官方微博在 24 小时内发布了冷宫冰箱的工业设计图。在这之后的七天内，海尔官方微博收到了 1000 多名网友关于冷宫冰箱的反馈意见，并由工程师一一实现。随后通过 3D 打印技术将冷宫冰箱送到了微博用户 @幽冥蓝 YuuiFox 的家中。可以说，冷宫冰箱是海尔集团和 30 多万粉丝共同研发、设计、制造、营

---

❶ 沈方俊. 海尔新媒体总监：粉丝说造个冷宫吧，我们真的做了 [EB/OL].（2016-11-23）[2021-03-20]. https://www.digitaling.com/articles/32472.html.

销所完成的产品。

（2）建立强关系，引导用户驱动创意。

社会学家马克·格兰诺维特在 1983 年发布的论文《弱关系的力量》中，把人们之间的关系划分为强关系与弱关系。❶社交网络上存在更多的弱关系，对于博主发送的信息，用户只是偶尔浏览、即使关注后也几乎不发表评论和点赞；而在强关系中，博主和粉丝之间保持经常性的互动，甚至为博主未来的发展道路出谋划策，在与其他博主发生冲突时主动维护。而对于海尔官方微博而言，在他们与微博粉丝的交互沟通中，能获得用户对于产品的一手反馈信息和使用数据，从而对用户形象有更精准的划分，为今后开展营销活动提供有益的参考。同时，将此类信息和用户特性及时反馈企业研发部门，使其能直击用户痛点，不断升级产品与服务，提升用户体验。经过持久的交流，海尔官方微博与普通消费者经由社交媒体建立起强连接的关系，从普通用户到忠实粉丝，增强用户黏性，提升了用户的品牌忠诚度。

在咕咚手持洗衣机案例中，充分体现了海尔与用户之间的强关系，能够引导用户深度参与产品研发。首先，有些用户在后台留言反映出差过程中衣物难以清洗，能否发明一款便携式洗衣机。海尔亚洲团队接到该需求后发送了微博，把他们的概念放到了网上，"采用三节 7 号电池驱动，每秒钟超过 100 次的拍打，极速洗净你身上的污渍，哪里脏了点哪里"，引导用户参与讨论。结果收到 4 万多次转发，6000 多条评论，在进行大数据分析后，海尔官方微博发现四川、重庆、湖南是对该产品需求最高的三个地域，因为这几个地方最爱吃火锅，火锅油滴在衣服上又难以清洗。海尔官方微博认为这款手持洗衣机是基于应用场景的，于是决定开始研发该款产品。

---

❶　GRANOVETTER M S.The Strength of Weak Ties[J]. American Journal of Sociology，1973，78（6）：1360-1380.

与其他产品的不同之处在于，便携洗衣机的所有外形、形状、颜色都由海尔的用户决定。海尔官方微博还发起了"我画个洗衣机"的活动，收到了近3000幅作品，有100幅是非常专业的作品，从中挑选后由工程师加以实现。随后，洗衣机的名字由网友投票决定，颜色包装、周边等都由微博网友定制，在完全没有其他营销方式和使用海尔实体专门店的情况下，咕咚便携洗衣机当天预约量超过40万台，半年内售出20万台。

（二）聚焦艺人与热点：巧妙借势与主动出击

1. 中国邮政：跟随艺人热点，随手拍借势鹿晗邮筒

在"互联网+"的时代背景下，海量信息的高速传播使越来越多的企业在营销方面面临挑战，如何获得消费者的关注与喜欢，成为大部分企业的一个难题。利用重大节日、重大事件或者热门话题产生的时机进行营销，往往能事半功倍。在热点频出的网络时代进行营销，与其主动制造一个新的热点话题或事件，不如将内容与消费者关注的热点相结合展开营销活动，实现低成本、高收益的传播效果。无疑，微博因为热搜的存在在结合热点进行营销方面，有着得天独厚的优势。

（1）发现相关热点，迅速做出反应。

2016年4月9日晚，艺人鹿晗在上海举办个人演唱会。他在演唱会前一天晚上，也就是4月8日发出一条微博："今天星期五，到此一游。明天见。"并配上自己与位于上海外滩中山东一路一只邮筒的合照，随即在鹿晗粉丝群体"芦苇"中引发热议。无数粉丝前往该邮筒处合影，队伍最长时达到近300米，甚至粉丝排队到凌晨只为偶像同款照片。据搜索引擎实时数据显示，以"鹿晗邮筒"为关键词的相关搜索结果达到361000条。❶

---

❶ 邹戈胤.关于中国邮政"名人堂"系列主题邮局邮筒品牌运营的猜想[J].中国市场，2018（03）：95-96.

同时，在鹿晗发出邮筒合影后，通过该邮筒寄送信件量也有所增加，不少粉丝借此邮筒向偶像表达心意。拥有 120 年历史的中国邮政也注意到这一热点，利用上海邮筒的意外走红迅速做出反应，借助微博，线上线下联动开展了一系列借势营销活动。

（2）跟随鹿晗热点事件，进行借势营销。

2016 年 4 月 11 日，中国邮政迅速做出反应，创建了微博账号 @外滩网红邮筒君，以一个虚拟邮筒君的人物形象作为中国邮政的互联网宣传特色窗口。外滩网红邮筒君调皮拟人化的运营风格迅速吸引了鹿晗粉丝群体"芦苇"及网友的喜爱 ❶，积累了 4 万多粉丝（微博账号 @外滩网红邮箱君已注销）。在上海外滩，年轻人、老人、小孩和外国游客都来和这个邮筒合影，合影之后，很多游客还把明信片投入网红邮筒，以致其收发的信件量显著增加，比往年同期高出两三倍。在微博上，网友与邮筒的合影几天内爆发式增长。

2016 年 4 月 19 日，上海邮政外滩邮政支局借助 4 月 20 日鹿晗生日的契机，对外正式发行"外滩网红邮筒"个性化明信片，并定制配套纪念邮戳，利用"上海邮政掌上营业厅"和线下渠道一起销售。上海全市限量发行 7777 枚，线上 3000 枚明信片半小时内被网友抢购一空，线下渠道 2 小时内则售出 2000 枚明信片。同日晚上，上海邮政为这个邮筒装上了一对鹿角，让这个鹿晗合影邮筒更有代表性，外观看起来更加可爱。

（3）后续发酵鹿晗事件，艺人助力话题扩散。

2016 年 4 月 28 日，@外滩网红邮筒君联合微博 @随手拍发起 #随手拍邮筒 # 话题活动，设置该话题的专属入口，引发关注。同时，中国邮政专属定制的邮筒鹿角卡通贴纸在微博火热上线，贴纸总使用次数达到

---

❶ WPCOM. 借势营销成功案例：中国邮政借势鹿晗邮筒 [EB/OL].（2019−10−21）[2021−03−20]. https://www.lfempire.cn/wangluoyingxiao/zgyzjslhyt.

67249 次，演员胡兵、陈志朋、田晓蕾发微博助推 # 随手拍邮筒 # 话题，网红邮筒随即被推向更多的粉丝群体。

"五一"前夕，微博官方向鹿晗粉丝发出全量 PUSH，号召全体"芦苇"参与进来。通过开机报头及搜索话题页等推广，令事件进一步发酵，达到高潮。# 随手拍邮筒 # 话题在"五一"期间多次进入热门话题榜。# 随手拍邮筒 # 话题活动持续 7 天，累计话题阅读量超过两亿，60 余万人参与讨论，共计 3.1 万张高质量邮筒合影照和 33 万的优质作品。❶

在此次事件中，传统老牌国企中国邮政通过社交网络，在短时间内聚集了大量的曝光和话题讨论，使中国邮政的品牌知名度和用户好感度都得到极大提升。在此次品牌转化中，最成功之处在于以最小的投入实现传播效果的最大化。中国邮政借助微博这一社交平台进入互联网的舆论热潮中，积极主动地向新时代的中国青年展现了自己品牌形象。中国邮政的"随手拍"活动不仅是微博的随手拍照，也是对于营销新路径的有益探索。

2.OPPO：艺人代言带动粉丝经济

OPPO 成立于 2004 年，是广东欧珀移动通信有限公司旗下品牌，是一家全球性的移动终端和移动互联网公司。据第三方独立市场调查机构 Counterpoint 机构发布的 2019 年全球全年智能手机出货量报告显示，OPPO 共售出 1.2 亿台智能手机。❷ 作为营销驱动型公司典范的 OPPO 一直非常重视使用流量艺人代言品牌，而在社交媒体时代，这一策略又呈现出新的玩法。

---

❶ 社会化营销案例库.【随手拍鹿晗邮筒】事件营销案例 [EB/OL].（2018–07–14）[2021–03–20]. https://hd.weibo.com/senior/view/7318.
❷ 科技蟹.2019 年全球智能手机出货量报告出炉！[EB/OL].（2020–02–01）[2021–03–20]. https://xw.qq.com/amphtml/20200201A0L1WT00.

在智能手机应用越来越丰富、拍照摄像功能越来越强大的当下，手机电量不够用且充电速度慢成为困扰用户的问题之一。而 OPPO 自主研发的 VOOC 闪充技术将充电速度提升四倍以上，30 分钟内手机电量可以充到 75%。"充电五分钟，通话 2 小时"成为家喻户晓的广告语，也使更多用户熟悉 OPPO 这一品牌。2017 年 6 月 16 日，OPPO R11 开销，开卖 40 分钟便超过前代 R9s 整天的销量，展示了 OPPO 在线上市场争夺份额的强劲实力。

（1）当红艺人站台，吸引粉丝群体。

2017 年 5 月，OPPO 在官方微博宣布陈伟霆和迪丽热巴正式成为 OPPO 代言人。陈伟霆、迪丽热巴和李易峰、杨洋、杨幂、TFBOYS 等 OPPO "艺人家族"与 OPPO 年轻、时尚的品牌调性非常契合，能够吸引更多青年群体的关注。此外，在电视剧《古剑奇谭》中，迪丽热巴饰演的小师妹芙蕖单恋陈伟霆饰演的大师兄陵越，"越芙"CP 萌化无数人。选择艺人 CP 作为代言人除了能吸引其原本"唯粉"外，还能吸引大批"CP 粉"的关注，有利于后期进一步对 OPPO R11 产品的推广。

成为代言人后，OPPO 官微发布由陈伟霆和迪丽热巴二人主演的 OPPO R11 广告大片。两位艺人代言人微博转发后，通过粉丝头条精准推送到其粉丝群体，瞬间引来粉丝的涟漪式传播，为新品 R11 带来 4300 万的曝光量，初步建立起产品与代言人之间的关联。随后在 5 月 31 日到 6 月 1 日期间，OPPO 继续利用微博粉丝通发布 OPPO R11 外观视频为新品发布预热，精准触达陈伟霆及迪丽热巴粉丝。除了艺人代言，6 月 8 日，微博官方摄影账号"微相册""微博摄影"也发布相关微博，顺势为 R11 的新品发布会预热造势。

（2）借势艺人引流发布盛典。

2017 年 6 月 10 日，OPPO 与浙江卫视、新浪微博联手，将新品发布会与卫视年中盛典结合，举办主题为"反正都精彩"的活动。这场盛典承袭了 OPPO 一直以来的艺人战略，主题非常契合 OPPO R11 拍照手机的定位，艺人阵容堪比跨年演唱会，节目内容设置与 OPPO 手机深度融合，展现了产品"前后 2000 万拍照更清晰"及美颜等最新卖点，开创了运用综艺盛典发布产品的先河，可谓产品发布与狂欢晚会的完美结合。

除了活动现场和卫视直播，"微博直播"同步呈现晚会盛况，强大的艺人阵容，使得发布盛典连续 2 天进入话题热搜，# 浙江卫视 OPPO 年中发布盛典 # 微博话题量突破 4.7 亿，讨论量超 600 万。❶ 在实现艺人引流之后，这一盛典还非常重视与网民的互动，线下盛典结合线上话题，将艺人阵容分为"清晰队""美颜队"两队进行比拼，粉丝通过发布自拍并 @OPPO 官方微博参与互动，为自己喜爱的偶像助力，点燃用户的参与热情。晚会中的精彩部分则通过短视频的方式进行二次传播，OPPO 品牌官方"微博小秘书""微博视频""新浪娱乐"等多个账号实现规模化矩阵式传播。

在众多艺人、KOL（Key Opinion Leader，关键意见领袖）的参与下，"浙江卫视 OPPO 年中发布盛典"这一话题一度登上热搜榜一位，流量的增加无形中助推了 OPPO R11 手机的线上线下预订。6 月 11 日，"新浪娱乐"置顶推送艺人自拍，建立艺人与 OPPO R11 之间的关联，快速捕捉粉丝关注。当用户在微博搜索其中某一艺人名字时，会自动弹出该艺人互动页面，点击后会直接跳转 OPPO 官网预约 R11 的页面，引导艺人粉丝预约抢购。

（3）持续发酵热点，限量爆款引发粉丝疯抢。

在浙江卫视 OPPO 年中发布盛典结束的第二天，OPPO 一鼓作气，携

❶ 邓旭. 综艺盛典发布新品 OPPO 重新定义四大玩法 [EB/OL].（2017-06-11）[2021-03-21]. https://mobile.zol.com.cn/642/6428871_all.html.

热力红限量版闪亮登场，惊艳亮相迅速触达全网用户。后期通过微博发现页，多位艺人的矩阵背书持续为 R11 打造爆款话题和口碑，将活动效果推向极致。6 月 19 日至 6 月 23 日，7 位高影响力时尚艺人再加入其中，均以热力红为主题发送了不同内容的微博。"OPPO 前后 2000 万 R11"这一话题累计阅读量超过 7.3 亿，讨论量超过 594 万。

通过本次活动，OPPO 成功在目标用户心中塑造了拍照手机的品牌形象，品牌声量达到三个月峰值，并在发布盛典当日，利用微博和卫视的双重影响力实现霸屏。"艺人联动 + 跨屏互动"的创新传播模式，将品牌与渠道深度结合，OPPO R11 的新品认知度、喜好度及预购度等方面均获得了相当显著的提升。

3. 支付宝：制造热点话题，"寻找中国锦鲤"引爆圈层

2018 年 9 月 29 日 14 点，作为国内第三方支付平台巨头的"支付宝"官方微博在没有任何预热的情况下，发布了一条原创微博——"祝你成为中国锦鲤"。这次抽奖活动旨在抽取一位"锦鲤"，庆祝即将到来的国庆假期。支付宝"锦鲤"活动上线仅 6 小时，微博转发量就超过百万，成为当时最快转发过百万的企业微博。❶9 月 30 日 12 时，微博转发量达到 320 万。在这次活动中，"中国锦鲤"这个符号作为此次营销活动的核心，单条微博阅读量超过 2.5 亿，转发超过 90 层级，互动数据（该条微博转发量、评论量和点赞量叠加总和）超过 420 万。最终，中国锦鲤免单礼包被一位名叫"信小呆"的用户获得。❷2018 年的"十一"假期，支付宝以"中国锦鲤"事件重新定义了企业在社交媒体的营销方式，迅速调动起整个微博生态系统。

❶　新浪广告.现象级企业微博营销案例——@支付宝"中国锦鲤"诞生记 [EB/OL].（2018−10−12）[2021−03−08].https://weibo.com/1663586657/GDAt7dl6G?type=comment#_rnd1604669414905.

❷　王嘉晨.浅析"支付宝"在"中国锦鲤"营销传播活动中的创新点 [J].新闻知识，2019（01）：44−47.

（1）零预热的"冷启动"战略，"中国锦鲤"主动出击。

不同于其他营销活动在开始前一般会进行预热和造势，这次支付宝的"中国锦鲤"活动采用了冷启动的战略。在这次活动中，支付宝除了以官微发布此活动的信息和微信公众号进行引流外，没有动用 UC 浏览器、高德地图、饿了么等其他阿里系资源。冷启动加上较短的活动周期，支付宝主要利用微博以短平快的手段制造了一场漂亮的流量引爆活动。此次活动的最大特点在于选取了"锦鲤"这一自带流量和传播性的概念。实质上，"锦鲤"一词的含义已由生物学意义上的特定物种延伸转变到代表转运、顺利的意象。杨超越作为网络"锦鲤"的代表，虽然缺乏成为一名称职偶像需要具备的歌唱和舞蹈能力，但却凭借其真实率直的性格收获大批粉丝并成功出道。粉丝在此基础上制作杨超越的锦鲤表情包，希望通过转发获得好运附体。在此意义上，"锦鲤"一词已经脱离具体意象，成为象征化的文化符号。用户转发"锦鲤"，是出自自己内心对于好运的渴望。"锦鲤"这一概念在微博本身就自带流量，所以，当支付宝在微博发布此活动时，用户更易于转发、参与，使得冷启动的活动也能收获大量关注。

（2）引导众多企业微博参与，保持热点继续发酵。

在首条"寻找中国锦鲤"微博发出后不到一个小时后，支付宝又发布了一条微博："一小时内，支付宝全球周中国锦鲤已经收到来自全球各大商家的见面礼，清单如下，还在持续加码中，祝你成为全球独宠的"中国锦鲤"！"配图为超长的奖品清单，涵盖全球的 200 多个商家。

在"寻找中国锦鲤"活动的推进过程中，支付宝几乎零成本通过发微博的方式整合品牌合作伙伴，由每个商家各出一份奖品，汇集成这次"锦鲤礼包"。参与此次活动的商家涉及衣食住行四个领域、遍布全球，直接把"中国锦鲤"这条微博送上热搜。商家的官微在评论区主动留言晒出自己的礼物，需要微博用户一一点开查看，自然地将每一个用户引导到此次话题的讨论中来，在无形之中扩大了活动的影响范围。对商家而言，也为其在如此大流量的营销活动中提供了曝光的渠道。据"企业微博助理"统计，"中国锦鲤"微博共有 1332 个"蓝 V"、77279 个"橙 V"参与转发，覆盖总人次 13.77 亿次。

（3）微博微信互动，实现活动营销目的。

在此次活动中，微博作为宣传的主阵地之外，微信公众号也实现了信息的有效渗透，两者共同推动此次营销活动热度高涨。首先发出"祝你成为中国锦鲤！"的抽奖微博，在获得 230 万余次的转发后，支付宝微信公众号上也跟进发布了有关此次"锦鲤"活动的消息。微信端推送的文章题目为《2 个事》，该推文的阅读量迅速超过 10 万。除此之外，支付宝还开展了随机为出国游客提供免单的活动，称在朋友圈转发免单页会有效提高"中国锦鲤"的中奖概率，在微信平台进行了有效推广，为主战场微博提供了有力支撑。支付宝微信公众号与支付宝微博官方账号的多次联动，进一步提升了"寻找中国锦鲤"的活动热度。

（4）艺人大 V 助推"中国锦鲤"事件，引发热点二次传播。

在此次活动的不同阶段，支付宝结合传播阶段特点，联合艺人大 V 进行二次传播，引起网民持续关注。

首先，在活动造势阶段，随着支付宝的大力宣传，吸引了多网民参与，活动的中奖概率达到三百万分之一，显然非常之低。在公布抽奖结果之前，支付宝巧妙地将"三百万分之一"作为传播重点，持续发布相关话题。同时，与微博大 V"回忆专用小马甲"合作，发布"三百万分之一意味着什么"，将话题再次推上微博热搜榜，为最终结果的发布制造了紧张的氛围。

其次，在活动收官阶段，当"信小呆"幸运地成为"中国锦鲤"后，成功实现微博大 V 认证。之后，她发布一条简短又具感染力的微博——"我下半生是不是不用工作了？？？"，迅速在微博上建立起新的话题，各路网友纷纷到其微博评论、"吸欧气"（网络用语，指的是沾好运气）。

最后，在活动结束后，演员李现转发信小呆的微博，称"转发这条锦鲤，我也不想工作"，再次登上微博热搜第一名。❶ 微博艺人的二次传播使得此次事件的影响力进一步扩散。

支付宝"中国锦鲤"营销活动所掀起的全民网络狂欢，不仅推广了支付宝品牌本身，还给其"海外支付"的运营带来新的机遇。在保持现有的营销水准的同时，支付宝未来应该探索的是如何优化产品的客户体验，继续提供优质产品和服务。

（三）数据维系关系：勾连场景与驱动服务

1.U 微计划：勾连社交场景与消费场景

"U 微计划"是阿里与微博合作推出的项目，其目标是以品牌广告主需求为核心，推动社交场景和消费场景的融合。由阿里巴巴旗下的全域广告工作台 Uni Desk 与微博的广告产品实现全面对接，"U 微计划"利用微博已有的粉丝群体进行销售转化，将流量由社交媒体导流至电商平台，引导消费者的购买行为，完成微博"种草"、天猫"拔草"这一营销闭环。

随着国内生活水平的不断提高，扫地机器人正成为家庭智能新宠，发展空间巨大。面对扫地机器人市场的蓝海，各大国内外公司都瞄准了有潜力的中国市场。倡导"科技开启新净生活"的科技小家电品牌戴森也推出了新品扫地机器人，在产品上新之际使用"U 微计划"开启了突破性的精准营销之旅。

---

❶ 吴思 . "中国锦鲤"转发超 300 万，阅读破 4 亿，支付宝的营销手段细思极恐 [EB/OL]. （2018-10-11）[2021-03-20]. https://www.sohu.com/a/258884128_355068.

（1）U微数据圈定目标人群。

为使戴森的扫地机器人新品上市信息第一时间触达目标人群，阿里巴巴和微博联合发力帮助戴森从社交、电商两个场景充分寻找潜在用户。本次营销目标受众是以城市消费者为主的中产阶级及对高科技智能化产品、家居、海淘感兴趣的人群。同时，戴森通过美好家园杂志与吴尊进行了视频合作，吴尊粉丝和其参加的综艺节目《爸爸去哪儿》粉丝也是目标受众之一。所以此次"U微计划"在微博端圈定了吴尊粉丝群体、《爸爸去哪儿》粉丝群体和海淘群体。而在阿里端，Uni-Desk同步圈选了戴森品牌人群、家装家居人群、扫地机器人兴趣人群、吸尘器兴趣人群、算法人群和高科技3C人群。除戴森品牌人群外，其他人群限定地域在上海、北京、广州、南京、沈阳5个城市。同时，将Uni-Desk的人群包和微博上用户的UID进行匹配，综合产生戴森品牌目标人群包，并上传至微博超级粉丝通的数据市场。

（2）超级粉丝通精准投放圈选人群。

通过系统的筛选和优化，2018年1月12日，戴森在微博正式开始智能化投放，通过超级粉丝通精准投放上述吴尊粉丝群体、《爸爸去哪儿》粉丝群体、海淘群体等，戴森新品扫地机器人的身影出现在了各类目标用户的首页信息流中。微博与阿里两大平台圈选人群形成充分互补，各有优势，有效地扩大了新品的认知渗透。

（3）微博种草、天猫拔草，构建社交消费闭环。

戴森在微博信息流中的曝光，不仅让目标用户在社交平台上与品牌发生互动，同时增进了用户对品牌的认知和兴趣，微博曝光用户对比同质人群对戴森品牌的兴趣度提升了43.3%，约7%的用户会在微博平台上与品牌发生即时互动，15.3万用户在微博被默默种草后直接进入了戴森的天猫旗舰店。而没有发生任何即时互动行为的用户，在被广告触达后也对戴森这一品牌产生了兴趣，继而在电商平台上与品牌发生互动行为，进行品牌搜索、浏览、关注、收藏等。通过微博与阿里巴巴 Uni-Desk 深度合作，戴森品牌数据银行（AIPL）总资产相较投放前增长了 2.3 倍，为潜在用户的持续沟通运营及追踪提供了基础。

此次戴森的精准营销，实现了社交与电商数据的深度打通，尝试了微博种草、天猫拔草的全新营销模式，构建了完美的社交电商闭环。

2. 韩国艺匠：数据驱动更优服务

韩国艺匠婚纱摄影工作室，虽然成立时间不长，但其高度重视客户关系维系，联手微博开启品牌社交平台，深度挖掘社交传播价值。韩国艺匠的总部设立在韩国，是专注于高端韩国风格的婚纱摄影品牌。截至 2020 年 12 月，韩国艺匠以上海为中心，已入住北京、天津、南京、杭州、武汉、成都、广州、郑州、深圳等多个城市。

（1）锁定潜在用户，精准高效沟通。

婚纱摄影行业较为特殊，消费频次低，难以寻找目标消费者，同时由于一般人一生只会经历一次消费，导致消费决策时间较长，这在无形中增加了与用户的沟通成本。而微博与婚嫁行业较为契合，新人通过微博，可以了解艺人婚礼、时尚婚纱、新人婚庆日记等与结婚相关的信息。

因此，韩国艺匠与微博这一社交平台展开全方位合作。一方面，韩国艺匠通过微博转发时尚婚纱照片与晒图活动，传播品牌形象，形成良好口碑。另一方面，各地韩国艺匠均有微博账号，多个账号形成传播沟通矩阵，精确定位目标人群，寻找婚纱摄影潜在客户。通过微博大数据，韩国艺匠能够极大限度节约沟通成本与沟通时间，与每一个可能的潜在消费者，有过评论、点赞、转发行为的微博用户进行交流，增加了与用户的互信度及品牌影响力。

（2）追踪用户行为，满足用户需求。

2018 年微博影响力峰会，韩国艺匠的品牌总监吴一君分享了韩国艺匠在运营上和其他商家不一样的地方，相较于同行其他商家更崇尚技术，侧重研究相机参数，韩国艺匠则一直在研究和提炼用户行为数据，利用微博打造和用户对等的生态体系，像谈恋爱中与对象相处那样去经营对待每一个用户，而不是仅仅利用微博自上而下地传达所谓公关稿或者推广文字。❶ 微博不仅能够传递企业声音，更能够为企业提供各类数据支持。韩国艺匠利用微博数据，得以有效追踪潜在用户，针对用户需求给予针对性建议、提供"一对一"服务，维持品牌的持续曝光，最终还能帮助企业实现基于婚嫁产业价值链的品牌复购。"微博推动的韩国艺匠母公司嘉豪集团婚尚子品牌，更能打造深度的用户参与体验，从婚宴、满月、百日一系列延伸，甚至到夕阳红照、闺蜜照等多种产品形态去建立忠诚循环"。❷ 这些做法扩展了产品的生命周期，提升了用户的消费频次，在吸引新用户的同时激发起老用户的消费热情，更好地满足了不同类型的用户需求。

韩国艺匠牵手微博始于 2013 年，由韩国艺匠在微博发出的信息流广告最终引导到达 H5 报名页，互动率高出其他婚纱类广告主发出的 10% ~ 20%。同时，此次微博营销的品牌投资回报率高达 10 : 1 以上，有 55% 以上的订单来源于微博。❸ 在微博的优质内容展示与社交关系数据支持下，韩国艺匠快速建立和完善了自己的用户关系渠道，能够实现与目标用户的精准高效沟通、摸清用户的各类潜在需求，从而为用户提供更优质服务，无论在传播效果还是在销售效果方面都获得巨大成功，实现了弯道超车。

---

❶ 影楼资讯周刊. 放下品牌的架子，用微博和用户谈一场恋爱 [EB/OL]. （2018-11-09）[2021-03-20].http://www.hunjia520.cn/information/32930.html.

❷ 今日广告. 年投放破亿的中小企业，韩国艺匠为什么选择的是微博？ [EB/OL].（2018-11-12）[2021-03-20].http://adtchina.cn/anli/shemei/2470.html.

❸ 站长之家用户. 韩国艺匠，全年营收中的55亿是如何来自微博的? [EB/OL].（2017-02-24）[2021-03-20].https://www.chinaz.com/news/2017/0224/663468.shtml

二、个体的用户微博营销

（一）回忆专用小马甲：明确博主定位，建构粉丝社群

伴随微博营销的发展，普通的个人微博用户由于深耕某一垂直领域，积累了相当数量的微博粉丝，也可成为头部博主，其商业价值越来越受到关注。微博账号"@回忆专用小马甲"主要记录两只宠物——萨摩耶犬"妞妞"和折耳猫"端午"的日常生活和各种萌照，同时配发各类段子等其他内容，深受宠物爱好者的喜爱。顾名思义，此账号原是博主作感情回忆之用，期间有时会放宠物的照片，未料吸引了很多粉丝关注，于是该微博账号成为"妞妞"和"端午"两只萌宠的专门微博。截至2021年2月，"回忆专用小马甲"粉丝量已达4169万人。

1. 从文艺青年到宠物博主，找准自身定位

对"回忆专用小马甲"的博主而言，既非流量艺人，又非某一领域的知名人士，只是一个普通用户。起初，"回忆专用小马甲"将自身定位为失恋的文艺青年，在微博上表达对前女友的思念之情，偏文艺风格，但由于特色并不突出，并未获得过多关注。在日常微博运营过程中发现，原本作为配角的宠物狗妞妞却更受欢迎，之后宠物猫端午加入，更是带来超强人气，与宠物有关的微博内容往往有更多的评论、转发。此后，"回忆专用小马甲"逐渐调整微博定位，从文艺风转战萌宠系。日常微博内容更多围绕宠物展开，宠物的萌宠姿态成为微博配图的主要题材，吸引大批喜欢萌宠的粉丝关注。当然，除了发布两只宠物的图片，"回忆专用小马甲"的文字诙谐有趣，所写内容贴近生活、接地气，与妞妞、端午的可爱形成良性互动，共同促成了账号的走红。

在微博账号起步阶段，需要根据自身情况寻找合适的微博定位并及时

调整微博风格，明确目标受众。"回忆专用小马甲"能够在微博运营中发现问题，找准宠物博主的定位，围绕这一主题产出相关内容，获得了巨大的流量及随之而来的营销价值。

2. 根据自身特点对接热点，提升微博关注度

除了日常更新有关妞妞和端午的照片外，"回忆专用小马甲"也会跟随网络热点产出相应的萌宠内容，借其他事件的热度提升自己微博的关注度和粉丝数。

3. 搭建平台，多途径维系粉丝关系

由于定位成功，"回忆专用小马甲"成为最具粉丝影响力的宠物博主之一。随着粉丝数量的增加，粉丝社群逐渐壮大，"回忆专用小马甲"上所发布的宠物日常照片已不能满足粉丝需求，于是该账号开始搭建各类平台，在保持账号原有特色和风格的同时，多渠道发布信息、维系与粉丝的关系。首先，通过"回忆专用小马甲官方后援会"等其他微博账号发布大量未在"回忆专用小马甲"出现的妞妞、端午的未修生图、视频及"番外"图片等，扩展信息发布渠道。"回忆专用小马甲后援会"还会发起相关的话题讨论、粉丝周边抽奖活动、粉丝群宠粉互动等，来增加粉丝群体内部的群体认同和群体黏性。其次，组建微博超话社区，建立更广大的网络粉丝空间，增加与粉丝的互动机会。以"回忆专用小马甲"创建的"妞妞端午"超话为例，不仅"回忆专用小马甲"作为"主持"和"专属生产者"可以在超话中发布内容并快速置顶、加精，获得转发、评论、点赞。超话内的粉丝同样能够分享信息，内容也并不限于博主所养两只宠物，更多是各式各样的可爱的萌宠图片、视频，"粉丝大咖""小主持人"级别的粉丝所发帖子通常热度也非常高，粉丝在超话空间具有很大的自主性。与其他艺人超话不同的是，由于萌宠内容的独特性，这样的搬运并不会引起

其他粉丝成员的不满，相反，更多地获得了关注和喜爱。❶ 正是这种宽松，使得"回忆专用小马甲"相关微博、超话成为很多相关粉丝群体的主要聚集平台，如云吸猫粉丝群，无形中扩展了自己的发展空间。同时，也增加了与忠诚粉丝群体的互动交流，更好地了解粉丝需求，在稳定现有粉丝的基础上，得以吸引更多的潜在粉丝。

近年来，随着微博萌宠博主的增加和自身运营上的一些问题，"回忆专用小马甲"也面临着粉丝流失的风险。"回忆专用小马甲"的微博中越来越少见到妞妞和端午的身影，而是经常搬运国外各类社交媒体内容，被一些美食图片和广告营销充斥。妞妞和端午如何给粉丝更多的新鲜感和吸引力，如何在维护好现有粉丝群体的基础上吸引到更多新粉丝的加入，或许是"回忆专用小马甲"未来要思考的问题。

1. 如何看待"故宫淘宝"推出的联名彩妆？你认为未来"故宫淘宝"还能与哪些领域的品牌合作？

2. 相较于其他企业的官微，海尔集团的有何亮点？这种运营模式能给其他企业的发展带来什么启示？

3. 利用名人效应进行借势营销时，我们需要注意哪些方面？

4. 支付宝的"寻找中国锦鲤"活动为何能制造出如此大的热点事件？

5. 利用大数据进行目标人群圈定与传统模式相比，有何不同？圈定人群进行投放后，可以从哪几个方面评价实际的传播效果？

6. 定位为宠物博主的"回忆专用小马甲"与其他同类型的博主相比，有何优缺点？

---

❶ 王丹．云吸猫迷群身份建构的平台研究——以回忆专用小马甲的微博为个案 [J]．新媒体研究，2020（09）：112-114．

第二节　微信公众号的创意与策划

一、"内容为王"永不过时：坚持内容原创的"六神磊磊读金庸"

"六神磊磊"，原名王晓磊，曾是新华社重庆分社的一名资深时政记者，于 2013 年创立了微信公众号"六神磊磊读金庸"，处女作《教主最不虔——读〈笑傲江湖〉之一》就达到了过万的阅读量，后凭借《猛人杜甫：一个小号的逆袭》一文风靡网络，正式进入公众视野。经过一篇篇爆款文章的加持，"六神磊磊读金庸"如今拥有百万粉丝，10 万 + 阅读量的推文，更是其公众号的常态。

解读金庸是"六神磊磊读金庸"的主业，但"六神磊磊"对唐诗也颇有见地，于是在 2017 年创立了另一个公众号"六神磊磊读唐诗"。在自媒体界，"六神磊磊"获誉颇多，在《鲁豫有约》与新榜联合发布的"2016 年度值得关注的微信自媒体"中获"2016 年度值得关注的有趣自媒体"；在"网易经济学家年会"中获"2016 年度最有态度自媒体"；同时还获得 2016 中国年度新锐榜"年度新媒体（个人）奖"等新媒体奖项。❶

（一）"六神磊磊读金庸"如何做到坚持原创

"六神磊磊读金庸"之所以能长时间坚持内容原创，首先，要植根于自己感兴趣及擅长的领域，这样才有创作的动力与能力。"六神磊磊"在

---

❶ 许晓蕾 . 六神磊磊：新华社写报道比我能写的很多，自媒体里比我能写的不多 [EB/OL].（2017—07—23）[2021—03—20].https://www.sohu.com/a/159314103_161795.

初中时迷上了金庸小说，每一部都读过很多遍，他对金庸小说的故事人物及情节熟稔于心。"六神磊磊"在中国传媒大学学习电视新闻学，毕业后在新华社做了多年记者，善于捕捉社会热点。正是"六神磊磊"一直以来对金庸小说的迷恋，以及对社会新闻报道的熟悉，才造就了"六神磊磊读金庸"的高质量原创内容。

其次，要将自己擅长的领域与大众需求紧密结合。读金庸是一个比较偏的定位，仅从名字上看，很大程度上会让对金庸不感兴趣的人直接无视。"六神磊磊读金庸"除了读金庸小说，也读时事、读红楼、读唐诗宋词，满足大部分受众的需求。无论读什么，"六神磊磊读金庸"都没有停留在原地：读金庸不是说书，是有趣的话题切入；读时事不是照搬，是与经典的融合；读唐诗不是赏析，是借诗讲史、讲人生。正是持续输出原创内容，坚守自己独特风格，"六神磊磊读金庸"不仅稳固了原有粉丝，还进一步扩展了自己的受众群体。

1. 趣读金庸引流量

有华人的地方，就有金庸武侠，国人对金庸先生有独特的情怀，以金庸小说作为公众号的主要内容大大降低了传播成本。"六神磊磊"经常会解读金庸小说里一些常人观察不到的有趣又引人深思的内容，这吸引了大量金庸迷及对金庸作品感兴趣的群体，增加了公众号的流量。

"六神磊磊读金庸"的第一篇文章《教主最不虔——读〈笑傲江湖〉之一》，对《笑傲江湖》中"东方不败"这一角色的价值观进行分析，以此来讲述"六神磊磊"对思想和信仰的理解，语言幽默轻快，娓娓道来，观念蕴含其中，道理不言而喻。之后的一段时间，"六神磊磊"用简短的文字解构金庸小说中的人物形象或情节，以此来表达自己的某种观点，把自己对金庸小说的理解呈现在公众面前，角度新颖，有趣味性，细细品来还颇有几番哲理。

2. 解读时事扩江湖

金庸先生的武侠小说聚拢了大量的原生粉丝，这些粉丝很容易转化为公众号的第一批读者。但这也可能导致难以吸引那些对金庸小说不感兴趣的人，读者数量的增长容易到达天花板。

"六神磊磊"在进入自媒体领域前，是一名奔走在新闻一线的记者，善于捕捉社会热点。为了解决上述问题，"六神磊磊"巧妙地将金庸小说与社会热点结合，借助金庸小说里武侠世界的行侠仗义、派系斗争、家国天下、儿女情长来讲述现实世界的时事热点。金庸世界里最不缺的就是斗争，用这些来解读现实职场、商场、情场的斗争，更为戏剧化和精彩。又因为"六神磊磊"观点犀利、文笔细腻，所以很多即使对金庸不感兴趣的读者，也会喜欢他的热点解读。这样既没有局限于金庸小说，又"蹭"了金庸武侠这个大 IP。这样不但可以聚拢喜欢金庸小说的爱好者，还可以让更多人注意到"六神磊磊读金庸"，扩大受众群体。

解读快播事件的《请捂着脸，坚持直播的勇气》，解读东莞扫黄事件的《当余沧海攻入群玉院——金庸江湖里的"扫黄"》等文章风靡一时。在新榜的年度总结中，"六神磊磊读金庸"的热点覆盖率超过了 93.02% 的运营者❶，D&G 辱华、娱乐圈阴阳合同、鸿茅药酒、金庸去世等热点事件的解读，"六神磊磊读金庸"都有涉及。一篇篇与时事结合的"麻辣武侠"式文章，也受到了广大读者的追捧。

在"六神磊磊读金庸"中，这类文章表面上是在解读金庸，实际上是在解读社会现象，没有将受众局限在金庸的江湖之中，而是横跨到了现实世界，扩大了受众面。与热点结合、观点鲜明的文章，也成为新媒体时代换取流量的法宝。

---

❶ 赵耀培.《六神磊磊读金庸》自媒体的起源、发展历程及现状 [J]. 视听，2019（04）：155-156.

3. 细读唐诗辟蹊径

"六神磊磊读金庸"的另一大内容主题是读唐诗。古往今来，对于唐诗的品鉴之作，并不在少数。但这些著作大多只注重解读诗作本身，有释义，有赏析，却缺少几分与诗人及历史实实在在的联系。"六神磊磊"则不同，他善于解读细节，善于在历史中讲诗人，在诗人的人生中讲诗歌。

"六神磊磊"的唐诗解读，打破了唐诗的"经典"这一标签，他认为解读唐诗要避免对经典低层次的仰望，部分唐诗的阅读门槛并不高。在某种程度上，唐诗比金庸小说更容易读懂，所以解读唐诗时不要被"经典"的标签迷惑，关键是要独辟蹊径，将唐诗中难理解的词句以及蕴含的哲理生活化、场景化。正是这样的理念，让"六神磊磊"创作出了《猛人杜甫：一个小号的逆袭》等一系列火爆又新鲜的文章。

（二）"六神磊磊读金庸"的内容策略

1. 半步理论，提高内容可读性

在确定了公众号定位后，文章写作则显得至关重要。"六神磊磊"总结出一个自己的"半步理论"：你提供的知识边界不多不少，领先读者半步就可以，而且重要的是你知道读者的知识边界在哪里。在读者完全不熟悉的领域，阅读很难继续下去，这时就需要找三到五个他熟悉的人来拖住他。

"六神磊磊"讲到李白的伟大，出发点是"如果没有李白，唐代所有诗人都会提升一个档次"。在行文中，他先用一句家喻户晓的"春蚕到死丝方尽，蜡炬成灰泪始干"引出小李"李商隐"，再用小李"李商隐"和大李"李白"进行对比，从而突出李白的伟大。"六神磊磊"在讲卢植时，意识到卢植这一历史人物是超出大部分读者知识边界的，他便用卢植的两个徒弟公孙瓒、刘备来留住读者，再引出关于卢植的内容，用大家都熟悉的人和事拓展相当一部分读者并不了解的知识。

很多新媒体号在文章写作时，自以为读者都明白他给出的一些专业概念和术语，没有考虑到读者的理解能力。相比之下，"六神磊磊"的文章则显得十分友好，永远让读者觉得"够得到"。

2. 夹叙夹议，内容塑造性格

公众号的内容原创，不仅是文章写作的原创，还要有观点输出的原创。文章写作不能仅是罗列事实，更要突出自己的观点。观点输出要保持统一的风格，以便让公众号在读者心中形成固定的形象，从而让读者对公众号更为熟知，就像朋友一样。

"六神磊磊"保持了一种"夹叙夹议"的写作风格，倾向于书写一些有观点的文章。尤其是面对时事新闻、热点事件时，"六神磊磊"深刻洞察社会现象并以朴素易懂的文字展现给读者，在表达自己的观点的同时，也引导公众要理性分析问题。例如，《金庸教育我们的：别装不认识小崔》一文，六神磊磊借《射雕英雄传》中尹志平狂妄自大，称不认识黄药师然后被狠狠教训的故事情节，指出某知名导演的助理在一次采访中说不认识崔永元的行为同样有不妥之处，分析了问题的同时，又援引正面的例子，指出妥当的做法。

"六神磊磊"通过一篇篇有态度、有观点、又通俗易懂的文章建构起公众号的人设，他让自己的公众号看起来像一个有生命的人，拥有稳定的性别、喜好、志趣、价值观，让读者喜欢的不仅是"六神磊磊读金庸"的文章，更是这个公众号本身。

3. 以文会友，增加交流互动

在坚持内容原创、观点独到的基础上，"六神磊磊"十分注重与读者的交流互动。原创内容和观点是为了吸引读者、留住读者，交流互动则是为了增进与读者的感情，让读者变成粉丝。但没有交流互动的公众号，无法更加深入地了解读者，也无法实现文章的广泛传播与内容变现。一方面，"六神磊磊"很感恩他的读者，曾专门发布《六神磊磊：做我的读者，大家辛苦了》一文来表达对其读者的感谢。另一方面，"六神磊磊"在文章评论区与读者的互动也是其公众号的一大特点。读者精彩的评论，"六神磊磊"用心地回复，一来一往间，加深了读者对文章内容的理解，也让读者更有参与感，给予读者心理上的满足。每逢重大节日，"六神磊磊"还会给读者发红包，红包口令也极具江湖味，如"六神磊磊千秋万代一统江湖""磊磊爱国敬业诚信友善"等，这样用心又富有趣味的互动增强了粉丝的黏性与活跃度。

4. 原生广告，用内容原创广告

"六神磊磊"不仅是一位优秀的自媒体人，也是一位隐藏的广告文案高手，他能够结合自身公众号特点创作出适合产品的原生广告。"六神磊磊读金庸"中的广告文案也为原创，且仅适用于这一次广告植入。与常见的软文不同，"六神磊磊读金庸"中包含广告的文章，在题材、风格、长度上往往与其普通文章无异，仅在最后通过反转情节将产品引出，广告内容不会影响文章的阅读。如果去掉广告，依然是一篇可以直接推送给读者的好文。

如《六神磊磊：金庸和古龙，只差三个字》一文，"六神磊磊"从不同的方面对比金庸和古龙两位作家："金庸写人间，古龙写天涯。金庸写太阳，古龙写明月。金庸写剑，古龙写刀。这就是金庸与古龙的区别。金庸是，人间，太阳，剑。古龙是，天涯，明月，刀。"从而引出了手游《天涯明月刀》的广告，无形中引出所宣传的商品，让人读起来毫无违和感，把广告自然融入了文章。

"六神磊磊读金庸"在 2017 年上半年推送的 68 篇文章中，有 36 篇文章内含广告，所有广告都是头条投放，均获得 10 万 + 的阅读量和 2000+

的点赞量❶，广告曝光率极高。由此可见，原生广告策略不仅增添了文章的乐趣和惊喜，也让广告的宣传效果得到了加强。

网络时代，自媒体往往喜欢盲目跟风，缺少自己的观点与特色。但是"内容为王"永不过时，坚持原创内容生产才能赢得受众的持续关注。"六神磊磊读金庸"深耕自身擅长领域，坚持以有深度的优质原创内容生产为基础，保持完整、统一的个人风格，成为"移动互联网时代内容原创的一个很难超越的标杆"。

二、拥抱交互技术：交互图文增流量

随着微信公众号生态日趋饱和，用户更为分散，对过于静态、仅是单向输出的呈现方式已然滋生疲劳感，他们呼唤更轻松、信息更丰富的展现形式。微信图文在 2016 年打开率为 10%，而到了 2018 年，这个数字降到5%，近两年更是下滑趋势不止，降至不足 3%。❷ 不难看出，微信公众号的分发职能在互联网短视频业态的迅速发展中明显压低。

2013 年，在微信公号排版的初始时期，个人或企业公众号都处于静态文字的状态，最多的亮点仅是加入几张图片。而随着秀米、i 排版、135 编辑器等公号排版编辑器的诞生，公众号开始加入动态图标，用户也更喜爱这种形式。近年来，一些漫画（条漫）形式的公号，如"GQ 实验室"等开始出现，并迅速站稳脚跟，多种新形式的公众号推文也不断出现。2019年大量涌现的交互图文，给微信公众号图文排版带来了新风口，同时也催

---

❶ 何清. 自媒体运营策略分析——以"六神磊磊"为例 [J]. 新闻研究导刊，2018，9（24）：57–58.

❷ 皮爷. 微信的进化史，图文营销的阵地战 [EB/OL].（2020–10–26）[2021–04–05]. https://mp.weixin.qq.com/s/Im6ZVIpdlY8oeSyJDkr–pw.

生了营销新模式，给不少公众号带来了新的流量红利。

（一）交互图文的制作方法与分类

微信交互图文是基于 SVG（Scalable Vector Graphics，可缩放的矢量图形）代码，能够在微信图文里实现类似 H5 动态交互效果的图文展现形式，可以理解它为是平面的、无声效的游戏，整体设计流程分为三部分：首先，需要在 Illustrator（AI）完成所有绘图设计及内容排版，然后生成 SVG 代码。如果是位图交互，也要把位图作为 SVG 的元素嵌入到 AI 里，比对位置和大小，同样生成 SVG 代码。其次，是添加动态代码，在 Dreamweaver 等代码编辑软件中，把生成的静态代码处理、整合，添加动态、交互代码。最后将调试好的代码拷贝到微信后台即可，代码拷贝可以通过浏览器的开发者模式，也可以通过一些微信图文编辑器插件的代码模式。

交互图文没有严格的分类，一般分成两种：模块化交互和沉浸式交互。模块化交互只是在文章中插入一个互动模块，其他内容还是普通图文排版。例如，网易旗下公众号"三三星球"的《绝对色感の挑战：不瞎算你赢》，列出了 20 多道关于"××品牌是什么颜色"的选择题，如关于什么是"可口可乐红"，题干会给出六种红色选择，读者一一点开，就能得到对应颜色的名称。

沉浸式交互则是通篇矢量插画，通过一个或几个固定元素，利用路径位移动画贯穿全文，文中通过交互动画串联情节。例如，"不会画出版社"公众号的 10 万 + 交互图文《你真的很对不起自己》，把长图和互动结合，可以让读者选择不同的故事线，得到不同的结局。

（二）"三三星球"引领交互图文之风

早在 2016 年，国内就有一些微信图文编辑器推出了"左滑"一类的模板，但大家使用它仅为节省空间，并未联想到交互层面上。2019年起，网易旗下公众号"三三星球"（原名"网易王三三"），开始陆续尝试了互动玩法，比如点击空白显字、文字弹幕效果等。

2019年9月12日，"三三星球"发布了一篇应用了翻牌技术的交互图文——《绝对色感の挑战：不瞎算你赢》，两周阅读量达到了44万，远超过"三三星球"的平均阅读水平，随即成为了当时的爆款微信推文。之后，"三三星球"开始尝试更多的SVG交互新技术，从点击图片显示文字，发展到显示图片，并应用到其6天后发布的《绝对の无聊挑战》一文中，满屏都是模拟的气泡袋，读者可以挨个戳破，得到不同的字。2019年国庆期间，"三三星球"陆续推出了记忆挑战、运气挑战、直男挑战等多篇交互图文，除了答题、戳泡泡外，读者还可以在手机上拍蚊子、捏易拉罐等，均获得了较好的传播效果。

2020年2月，微博话题"小瓶子涂鸦大赛"在微博登上热搜，话题阅读量达到了3.5亿。"三三星球"率先抓住热点，从2月18日起先后发布了多篇小瓶子SVG交互系列图文。不需自己手动绘制，读者只要点击就可以完成符合你口味的小瓶子，还能迅速截图分享。这样新鲜又便捷的操作抓住了广大网友的胃口，也让"三三星球"再次站在了流量金字塔的塔尖,2天内涨粉超过10万❶，再一次说明交互图文的确是能引起爆发式传播的流量利器。

（三）交互图文的优势与劣势

微信交互图文带给读者的是新奇感与代入感，让静态的文字与图片动起来。动态的事物更能抓住读者的眼球，读者在游戏般的交互中，完成了

---

❶ 硬核看板.“小瓶子”2天给公众号涨粉10万，爆款互动图文怎么做？[EB/OL].（2020-02-28）[2021-03-18]. https://mp.weixin.qq.com/s/zMOMZ_yQ_tIxOXBBZZLhfg.

信息获取，这种信息获取的过程更为轻松，获取信息的印象也更加深刻。使用交互的文章阅读量一般是该账号使用交互前的 1.5 ～ 2 倍❶，读者参与会更积极，文章的转发、评论量也会大大提升。

交互图文类似简化版的 H5，拥有 H5 的部分互动功能，但相对来说，交互图文的制作周期和成本更低。以微信图文编辑器"i 排版"为例，一篇用于企业营销的简单的交互图文的技术开发费用仅为几百元，制作时间一般为 1 ～ 2 天。而 H5 除了基本的制作费用，还有后期运营维护的成本支出，费用在千元以上，制作周期也比交互图文更长。❷此外，交互图文可以直接用常规的公众号文章形式推送给读者，不需要链接跳转，转化率也更高，因此广受品牌、媒体账号的欢迎。

但是交互图文也存在一定的发展瓶颈。首先，交互图文形态对数据库、服务器的挑战都比较大，微信公众号官方考虑到运维成本，将 SVG 代码量限制在 2 万行，因此交互图文还达不到 H5、小游戏的复杂交互效果。同时，交互图文的 SVG 代码中可以携带病毒程序，这对用户的信息安全又是个新的考验。

其次，简单的交互技术很容易被复制，在技术被滥用的情况下，只能通过更好的创意和设计产出更优质的图文内容，以实现差异化，交互技术的存在感反而降低，甚至显得有些鸡肋。

（四）交互图文带来营销新方法

2020 年 7 月 1 日，麦当劳官方微信公号的一篇推文在朋友圈被广泛传播，这篇推文的亮点在于读者点击图文中盲盒的对应位置，页面就会跳出

---

❶ 新榜 . 公众号互动内容：小众潮流 or 下一个风口？ [EB/OL].(2019-10-09)[2021-04-05]. http://www.woshipm.com/it/2950086.html.

❷ 同 ❶.

小黄人公仔，而这种互动在全文出现的频次高达 80 多处。尽管如此，从留言来看，不少读者仍然点击了全部的交互内容。单纯从数据维度来看，这篇推文的"在看"数高达平日推文"在看"数的 60 ~ 80 倍，而据推测，它的最终阅读量更是至少在 1000 万。❶

如果对其进行剖析不难发现，恰是因为图文中加入了交互图文因素，即读者可通过点击来使图文发生变化，等同于是嵌入游戏模式，读者的观感体验会更好，分享和参与的欲望自然也会更强。这种基于交互图文模式的新营销方式更利于商家打造微信传播主阵地，进而在用户中建立品牌口碑。

不只口碑，同样被验证的还有实打实的成绩。公众号"途家民宿"的《夏季最清凉的民宿，有风有海有森林》一文，最终通过微信交互图文营销转化的用户数增长近 20%。❷ 由此可见，这种新型营销模式价值点不仅在于能放大企业品牌侧的宣发，更能真实可行地为企业带来销售成绩，为企业创造营收。

基于交互图文的创新显然已经让公众号尝到了甜头。无论是在新华社、人民日报、央视新闻等主流新闻公众号的推文中，还是诸如奔驰、腾讯、阿里、平安、华为等大型品牌的活动推广中，交互图文出现的频次越来越高。交互图文的出现，一方面是企业、媒体、个人宣发 IP 或品牌的一个尝试，另一个方面随着直播、短视频的兴起，人们已经习惯了交互模式，而交互图文正是给微信公众号提供了这种符合趋势的营销模型。

交互图文的出现，给微信公众号图文排版带来了新风口，给不少公众号带来了流量红利，同时也催生了营销新模式。在用户习惯了浏览动态图

---

❶ 皮爷. 微信的进化史，图文营销的阵地战 [EB/OL].（2020-10-26）[2021-04-06]. https://mp.weixin.qq.com/s/Im6ZVIpdlY8oeSyJDkr-pw.

❷ 同 ❶.

文的形势下，像类似于微信公众号这类以文字内容见长的新媒体，需要积极地拥抱新技术，用符合用户兴趣与习惯的形式，更好地呈现优质的内容。

同时我们也要正视类似于交互图文这种技术，要秉承交"互始终是为服务内容"的理念。点击触发并不只是为了呈现一个动画效果，最重要的是增加读者对信息获取的欲望，通过一次点击和互动，让读者更专注地注意到点击后呈现的信息。交互图文对阅读量有带动作用，但新鲜过后，公众号整体内容和风格，才是影响读者关注的决定因素。

三、守正出新："侠客岛"的传承与创新

"侠客岛"是《人民日报》海外版旗下的新闻类公众号，涵盖时政资讯、国内国际重大新闻等多方面内容。"侠客岛"自2014年创立以来，粉丝数超百万，近65%的原创文章阅读量达到10万+。根据清博大数据监测,2018年"侠客岛"微信文章阅读总量达5300万，篇均阅读量8万以上，影响力超过99.99%的公众号，每周保持4～5篇阅读量10万+的爆款文章，用户信任指数高达98.5%。❶

"侠客岛"一词出自金庸的武侠小说，是《侠客行》中位于南海的一座孤岛。以"侠客岛"作为公众号的名字，可见其并未刻意强调自己主流媒体的性质，而是将公众号人格化，塑造了一个通材达识又幽默风趣的"侠客"形象作为叙述主体，以"侠者仁心"为精神底蕴，以"但凭侠者仁心，拆解时政迷局"为编辑宗旨。❷

---

❶ 王斌，张雪.新型主流媒体影响力建设的内容生产路径——基于微信公众号"侠客岛"的研究 [J].新闻战线，2019（11）：70-74.

❷ 韩林珊.时政新媒体"侠客岛"的SWOT分析 [J].传媒论坛，2020，3（07）：9-10.

（一）传承传统新闻媒体的底色

金庸先生在其另一部小说《神雕侠侣》中借大侠郭靖之口指出"侠之大者，为国为民"。从此看，侠客有着强烈的、积极的入世精神，有着忧国忧民情怀，敢于亮出态度、针砭时弊，努力践行行侠仗义的使命。"侠客岛"在公众号的选题和内容上正体现出侠客"以天下为己任"的这一特点。

1. 选题突出问题意识与热度

"侠客岛"的文章选题，传承了传统新闻媒体的问题意识，在国内外的热点问题上及时发声，还着眼于与我国密切相关的国际事件，在选题上显示出其问题意识与对热度的追求。

首先，新闻类公众号，只有直面热点，才能得到大范围的传播。"侠客岛"的选题特点首先体现在对热点的关注上。一方面，"侠客岛"在诸如海南建设自贸区、空姐搭顺风车遇害等时政大事、社会热点上都未缺席，第一时间跟踪热点，发布一手报道，并坚持在当天发声，抢先赢得读者的注意力。此外，国际新闻也是"侠客岛"的重点关注内容，"侠客岛"依托其母报《人民日报》海外版的国际视野，选取与我国密切相关的国际事件与外事活动，如 G20 杭州峰会、中美贸易战等议题展开分析，探讨这些国际问题对于国内的影响，将"侠客岛"的问题意识拓展到国际舞台。另一方面，"侠客岛"没有盲目跟风，一味求快，而是将热点新闻"冷处理"，在选题上保持谨慎、理性的态度，重点解读热点事件背后的意义，探索其深层次的价值。

其次，"侠客岛"的选题范围也十分广泛，在政治、经济、文化、教育、社会、法制等方面均有涉及，既有国家大事，又有民生话题，同时设置了时政、经济、社会等不同的专题合集，方便读者查找自己更感兴趣的内容。"侠客岛"没有忽略小事件，而是以小见大，挖掘小新闻背后的大价值，也让我们看到了其选题上的广度。

2. 观点体现权威性与深度

"侠客岛"作为《人民日报》（海外版）旗下的新闻类公众号，"侠客岛"的观点输出更有权威性，读者也会更为信任。

（二）创新新媒体的形式与内容

侠客不仅忧国忧民，更有着无敌的武功、超凡的手段助其完成使命。"侠客岛"摒弃了传统主流媒体经常被诟病的单向传播的传播模式，不断贴近新媒体用户思维，创新公众号的形式、手段与内容，提升自身的影响力。

1. 营造亲民体验

在新媒体平台，文章的标题极为重要，只有引人注目的标题才能让读者在海量的文章中驻足、浏览。设置悬念的疑问式表达、别出心裁的猎奇式表达以及醒目精准的数字化表达是"侠客岛"经常采用的几种标题方式。如《解局：什么鬼，日本也要搞萨德？》这类疑问式标题、《壹周侃：秋裤传奇》这类猎奇式标题，会引发读者的兴趣，吸引读者阅读，满足其好奇心;《解局：贸易战升级，中国 600 亿如何应对美国 2000 亿？》这类数字式标题，会让标题变得更加醒目，同时数字也能突出文章所要阐述的重点。

"侠客岛"还会在标题中使用网络流行语，用亲民、年轻化的表达方式，轻松、活泼地表达出自己的立场态度。例如，《解局：美航母在黄海军演，中国要当"吃瓜群众"》《解局：奥巴马说台湾是亚洲民主榜样，蔡英文醉了》《金正恩访华，半岛问题上涉华的一些质疑可以歇菜了》等文章标题，均灵活套用读者熟悉的"吃瓜群众""醉了""歇菜"等网络流行语，既生动地表明了"侠客岛"对这些议题的立场态度，也让"侠客岛"与年轻读者的距离更近，更接地气。

这些网络流行语不仅出现在标题中，也散落在文章行文中。"侠客岛"改变了传统的新闻语态，尝试用亲民的、草根化、趣味性的语言将宏大的议题嵌入受众的兴趣与需求中，用幽默生动的网络语言解析枯燥的新闻，将晦涩纷杂的术语转化为通俗易懂的表达，降低了读者理解的难度，增强了新闻报道的生动性。❶ 如《岛读：金正恩邀文在寅访问朝鲜，能成吗？》一文中，"侠客岛"使用了诸如"能成吗？""怎么说呢，送礼还是挺上心的"等语句，用浅显易懂的口语化表达来传递和解读新闻信息，得到了读者的喜爱，收获了 10 万 + 的阅读量。

为了适配这种口语化的表达，"侠客岛"还塑造了亲民的人格化传播主体——岛叔、岛妹的形象，采用第一人称叙述的方式，既准确地表述了客观事实，又拉近了同读者的距离。这种充满亲民感的话语体系让"侠客岛"的文章更有风格和辨识度，能在众多新闻类公众号中脱颖而出。

2. 适配阅读新习惯

内容爆炸的时代，读者更倾心于用最少的时间获得最多的信息与知识，萃取式、盘点式等类型的内容更为流行，高价值内涵的轻量化内容输出更能打动读者。

此外，"侠客岛"夹叙夹议式的文体，也是适配读者阅读新习惯的具体表现。读者已经不满足仅仅是陈述事实的文章，希望看到更多的是不同视角下对同一新闻事件的多种解读。"侠客岛"在严谨的叙事过程中增加了评论与意见表达，将其想要传递的价值观寓于文中，让读者在阅读文章的过程中清楚地了解作者的观点与立场。

---

❶ 韩林珊 . 时政新媒体"侠客岛"的 SWOT 分析 [J]. 传媒论坛，2020，3（07）：9-10.

在文章表现形式上，"侠客岛"会对关键语句加粗和标色，帮助读者迅速锁定文章的核心信息点。"侠客岛"在文章中还穿插了图表、图片、歌曲、视频等素材，既生动地还原了事件现场，让文章观点更有说服力，又打破了文字的枯燥感，带给读者更好的阅读体验，适配了读者的阅读新习惯。

3. 用民间智慧反哺媒体内容

"侠客岛"除了在文章内容不断创新以适配读者的阅读新习惯外，在与读者的互动交流上也颇有自己的一番心得。"侠客岛"举办了多次"侠客风云会"线上沙龙活动，包括"快闪沙龙"和"网络直播沙龙"两种形式，与读者进行线上交流。"快闪沙龙"是"侠客岛"围绕某一话题组建限额人数的微信群，组织读者在线交流讨论；"网络直播沙龙"是"侠客岛"邀请专家就某一问题开展视频直播，让读者与专家在线交流，如此前举办的郑永年、邱永峥❶先生的"网络直播沙龙"，在线观看人数达 5000人。❷ 这些讨论内容也会被用于"侠客岛"的文章创作中。

在社群运营方面，"侠客岛"创建了拥有 3000 活跃粉丝的微信群，包含公务员、学生、媒体、企业、海外务工人员等不同的职业群体，粉丝不仅与"侠客岛"团队的成员交流沟通，还为"侠客岛"提供新闻线索、编译外媒材料，参与到文章的创作过程中。❸

除了从固定的粉丝群中汲取灵感，"侠客岛"还会将读者围绕某一话题的评论、留言整合为文章。

---

❶ 郑永年，香港中文大学（深圳）讲席教授、全球与当代中国高等研究院院长、港中大（深圳）全球与当代中国高等研究院首任院长，上海交通大学政治经济研究院名誉院长。邱永峥，人民日报直属环球时报社首席记者、记者部主任。

❷ 徐汉滨. 自媒体时代舆情引导策略分析——以《人民日报》"侠客岛"为例 [J]. 传媒，2018（22）：46-48.

❸ 侠客岛."侠客岛"：中国权威时政新媒体的探索 [J]. 新闻战线，2016（09）：14-16.

通过这些互动活动，民间智慧成为"侠客岛"文章的内容源和逻辑主线，借助民间智慧激发 PUGC 和 UGC 的内容产能，读者成为内容生产环节的主导者，在参与过程中所得到的成就感又将进一步强化其忠诚度和活跃度，进而转化为持续参与内容生产的积极性，创造出一个"刺激读者参与内容生产——提高读者黏性——读者进一步反哺内容生产"的良性循环。

（三）"侠客岛"对新闻类公众号的启示

首先，新闻类公众号，要有问题意识，摒弃"唯流量是从"的思路，力求输出客观、真实、理性、权威的优质内容，不能因刻意追求人情味和趣味性，而落入了煽情化、娱乐化、猎奇化和低俗化的窠臼。

其次，新闻类公众号要主动吸纳网络流行语言，深入了解网民的语言习惯、表达方式和话语内容，从中汲取可利用的元素和素材并将其灵活运用到新闻报道之中，以公众喜闻乐见的形式呈现新闻内容，从而增加官方信息的可读性和吸引力。但对网络用语的使用应遵循规范性、恰当性和审慎性的原则 ❶，避免因滥用和乱用而出现媚俗的倾向。

最后，新闻类公众号应当鼓励读者参与内容生产，并为其内容创作制造机会和条件，读者在互动过程中提出的反馈或产出的内容应当及时纳入后期的新闻策划或报道中，让读者感受到自己在信息链条中的重要价值，从而提高其参与互动的积极性。

由此看来，"侠客岛"的成功可以归纳为两点：一是"守正"，即坚守正道，坚持正确的政治方向，深刻认识其作为国家主流媒体的责任与使命，传承其母报在选题上的问题意识，以及观点输出的权威性与深度。

二是"出新"，在发挥主流新闻媒体职责、生产权威内容的同时，注

---

❶ 戴佳，曾繁旭，王宇琦. 官方与民间话语的交叠：党报核电议题报道的多媒体融合 [J]. 国际新闻界，2014，36（05）：104-119.

入用户思维、了解受众需求、贴近受众喜好，在形式、手段、内容等方面不断创新，精准把握新媒体的传播规律，营造亲民体验，适配读者阅读新习惯，增加与读者的互动，用民间智慧反哺媒体内容，使宣传质量和水平得到提高，增强其吸引力，提升其影响力。

1. 从媒体创意策划的角度分析"六神磊磊读金庸"有哪些创意点？

2. 如何评价"六神磊磊读金庸"的广告植入？

3. 微信交互图文是否会被大规模应用，为什么？

4. 除了交互图文，还有哪些新的微信图文排版形式出现，它们的优缺点又是什么？

5. 除了"侠客"形象外，主流媒体在形象塑造上还可以向哪些方向上靠拢，以达到提高传播影响力的目的？

6. 你还了解哪些在创新方面较为突出的主流新闻媒体，其创新点在哪些方面？

第三节　视频网站的创意与策划●

一、解锁"网络大电影"与网剧的选题、制作与宣发

（一）网络大电影：《老九门》番外系列

"网络大电影"这一概念由爱奇艺公司在 2013 年首次提出，主要指时长超过 60 分钟，制作水准精良，具备正规电影的结构与容量，并且符合国家相关政策法规，以互联网为首发平台的电影。❷ 与院线电影相比，拍

---

❶　视频网站的综艺节目在第二章《电视的创意与策划》已有涉及，在此不再赘述。

❷　杨向华. 网络大电影的过去、现在和未来 [N]. 中国艺术报，2017-04-07（6）.

摄网络大电影的门槛相对较低，成本相对较少，制作、拍摄周期相比于院线电影而言也相对较短。

互联网时代很多观众的观影习惯和观影方式也在变化，不再限于传统的院线银屏和电视的影视频道，从载体来看，网络大电影主要依托互联网平台首发并长期提供付费或免费的播放服务。而随着产业不断发展，制作精良的网络大电影愈来愈多，符合院线上映标准的优秀作品同样可以在电影院上映。

不仅如此，网络大电影为更多有着"导演梦"的青年艺术家提供实现梦想和出圈的可能，小众类型、题材等也得到进入观众视野的机会。

如何在控制制作成本的前提下打造爆款网络大电影，是所有电影人所思考和追求的。"爱奇艺"作为网络大电影概念的提出者，近年来通过不断试水与探索将这一形式推向爆发式发展。其中，在自制出品了现象级网剧《老九门》后，"爱奇艺"继续借助这一 IP，同时邀请南派三叔加盟，以《老九门》番外的形式相继制作并推出了四部网络大电影，分别是《二月花开》《虎骨梅花》《恒河杀树》《四屠黄葵》，取得巨大成功，并在"2017 微博电影之夜"活动中荣获"微博最具影响力网络电影"大奖。

《老九门》系列番外的成功与"爱奇艺"在选题、摄制、宣发等方面的精心策划、准备关系密切，而其开拓的"影剧联动"模式则为网络大电影与网剧产业带来了新的发展。

1. 选题紧跟热潮，影剧联动深挖 IP 价值

随着《盗墓笔记》小说的成功，《盗墓笔记》IP 通过影视剧、话剧甚至网游等多元开发创造了无限价值，特别是"盗墓"题材影视剧迅速火遍市场。作为《盗墓笔记》前传的网剧《老九门》以及四部网络大电影番外就是紧紧抓住观众的喜好及市场需求，在提高用户黏性的同时，进一步开发了《盗墓笔记》的 IP 价值。前"爱奇艺"高级副总裁杨向华表示，拍

摄《老九门》番外，是"爱奇艺"尝试 IP 品牌化、娱乐化，致力于全面激发优质超级 IP 巨大潜力的重要举措。❶一方面，借助热门 IP 可以短期内快速打入市场并获得关注，借助原生观众的期待心理迅速收回票房；另一方面，作品间相似的场景道具等可以反复利用从而降低制作成本，在挖掘 IP 价值的同时还能实现资源利用的最大化。

《老九门》及四部番外作品首次在网台联合的基础上通过影剧相呼应的形式衍生系列作品，不断挖掘 IP 作品的商业价值和文化价值。《盗墓笔记》系列的作者南派三叔指出："文字类 IP 可以使用所有技法让 IP 成立，但实际落到影视上，对于一个 IP 来说，电影、电视剧、网络电影所承担的 IP 作用将各不相同。"他强调："电影成就 IP 品牌，电视剧成就 IP 任务，网络电影完成 IP 维护。"这不仅为 IP 开发提供了全新的思路，同时也为位于影视剧产业源头的创作者演绎了矩阵式编排布局。

在影剧联动的基础上，"爱奇艺"更是与小米互娱合作联合发行同名手游《老九门——盗墓笔记前传》，完善《老九门》自身的 IP 生态层级。《老九门》网剧、《老九门》番外网络大电影与官方同名手游之间的互动，进一步扩大了《老九门》的品牌影响力，提升了爱奇艺平台的运作能力，也打通了影视网游的泛娱乐产业链条。

2. 精心改编、制作精良，颠覆"三毛特效"

从创作层面来讲，四部番外网络大电影在尊重小说原著的基础上进一步完善了故事情节、丰满了人物形象，同时尝试了不同的电影类型，扩大了观众基础。原著作者南派三叔曾分享拍摄《老九门》番外系列的初衷："不仅是为了加强人物设定、展示角色核心魅力、完善整个'老九门'IP，更是试水多元类型电影的重要尝试。"《二月花开》《虎骨梅花》《恒河杀

---

❶ 娱小兽.《老九门番外》1.5 亿播放量圆满收官 解锁网络电影新模式助推产业升级 [EB/OL].（2016−12−24）[2021−04−06]. https://m.sohu.com/a/122507364_549401/.

树》《四屠黄葵》分别对应夺宝、推理、密室与复仇四大类型片，并且侧重点均有不同，或重视觉体验，或重推理猎奇，以原著为核心向四周布局。❶ 但是相对于原著而言，四部番外作品叙事节奏更快，同时结合观众反馈与"下斗探墓"的诉求，着重展现了墓下画面，构建了老九门虚拟又神秘的盗墓世界。

从拍摄层面来讲，番外篇总制片人白一骢表示在投资和制作上进行了"全面升级"，将镜头语言、美术服化、场景道具、后期制作等方面极力打造电影感。相对于大多数低成本的网络大电影，《老九门》的四部番外始终坚持精良的拍摄与严谨的制作，力求还原作者笔下的九门世界，一改往日观众心中辣眼睛的"三毛特效"。例如，《二月花开》这部番外贯穿京剧元素，在拍摄时剧组邀请中国京剧院的多位专业老师或演员进行指导甚至参与表演，其中包括中国京剧院一级演员、戏曲界的文武全才宋小川老师。又如，从摄制前期准备到拍摄完毕的每个阶段，主演张艺兴都极为敬业，为了呈现其在电影中的京剧扮相，剧组一丝不苟，从戴头套、拍彩、拍红、定妆、扫红，到画元宝嘴、眉眼、勒头、贴片、穿衣等一系列妆容要将近三个小时才能完成。经历如此复杂的过程才能实现从二爷到二月红的转变，同时演员还要克服服饰道具带来的不适感。❷

此外，《老九门》四部番外坚持沿用正片中主角的饰演者，不仅考虑到演员对于角色的熟悉程度以及表演所传达信息的一致性，更能借助其本身的粉丝流量为作品做宣传，在上映前期便吸引原著粉、剧粉以及艺人粉的广泛关注。这种"大 IP+ 大演员 + 大制作"的组合为番外系列作品收获

❶ 娱小兽.《老九门番外》1.5 亿播放量圆满收官 解锁网络电影新模式助推产业升级 [EB/OL].（2016−12−24）[2021−04−16]. https://m.sohu.com/a/122507364_549401/.

❷ 爱奇艺.VIP《老九门番外》来也！就知道你没看够！[EB/OL].（2016−10−15）[2021−04−16].https://mp.weixin.qq.com/s/UxKOH−tTTfhVsioT6I1ayg.

良好口碑提供了保障。

3. 多渠道立体式宣发，快速触达受众

作为热门IP的"捆绑"作品，《老九门》番外系列网络大电影播出前即拥有一定的知名度和原作品的观众群体，让作品得以"未出先热"。但是"爱奇艺"并未因此松懈电影的宣发工作，从"爱奇艺"自身到第三方社会化媒体、从线上到线下，相关信息通过各个渠道快速触达受众。

"爱奇艺"站内资源方面，"爱奇艺"对于《老九门》番外系列网络大电影非常重视，给予其与院线电影相同的资源待遇，通过"爱奇艺"站内资源位对四部番外进行了高强度曝光。

社交媒体方面，泡泡社区作为"爱奇艺"推出的娱乐粉丝社区于2015年11月上线，意在打通"视频—艺人—粉丝"三者间的关系链，满足粉丝全方位需求。电影播出期间，各主演与粉丝、观众在泡泡社区实时交流，403.8万迷弟迷妹与九门大佬进行互动。张艺兴在线时，粉丝在社区中盖起20万层高楼，占据泡泡艺人互动榜榜首。❶粉丝不仅可以在其中各抒己见、发表作品，还能寻找到认同感、获得共鸣，进一步增加用户黏性。而种种优异的数据表现引得更多圈外用户对番外作品给予关注。

相比于泡泡社区所侧重的核心观众，"微博"等社交平台的宣传更利于吸引和拓展圈外观众。期间，"老九门番外"话题在"微博"累计获得1.3亿阅读量并引发近17万次讨论，多次出现在"微博"热搜榜单。❷各位主演在社交网络的宣传也为番外系列网络大电影口碑的持续发酵做出了贡献，其中以张艺兴为代表的高流量艺人功不可没。

影片路演、粉丝见面会等线下活动同样是电影重要的宣传方式。《老

---

❶ 娱小兽.《老九门番外》1.5亿播放量圆满收官 解锁网络电影新模式助推产业升级 [EB/OL].（2016-12-24）[2021-04-16]. https://m.sohu.com/a/122507364_549401/.

❷ 同❶.

九门》番外网络大电影对于线下活动也十分重视，根据《老九门》粉丝受众以及"爱奇艺"平台的 VIP 用户集中城市的大数据统计，刷选出杭州、武汉、重庆、郑州、青岛五个城市进行线下活动。在这五个城市进行的路演或者走进校园活动，吸引了数以万计的人前来实地参与，从而实现线上线下用户和流量资源的转化。❶

平台联动方面，《老九门》番外系列将平台联动与 IP 跨界合作作为整个营销中的重要一环，与当时知名的购物网站、视频网站、票务平台以及餐饮品牌、旅游品牌等进行跨界合作，增加了番外作品的曝光量，达到多方共赢。"爱奇艺"还打通微博等第三方渠道可一键跳转引流至爱奇艺播放页，便捷畅快的体验为用户的留存提供了保障。

成功的 IP 离不开优秀的选题、有序的运营、精准的宣传，如此才能不断吸引受众并扩大粉丝群体，进而不断挖掘价值、塑造爆款 IP。网络大电影与网剧则可以通过完备的策划、精心的拍摄以及立体化宣发等互为补充、互相支持。总之，《二月花开》《虎骨梅花》《恒河杀树》《四屠黄葵》四部番外网络大电影，无论是从创作思路，还是开发制作模式、宣发方式等方面都为之后网络大电影的生产提供了借鉴经验，也对整个电影产业以及网络媒体平台发展提供了新思路。但值得思考的是，面对市场上不断出现的影视作品，网络大电影虽然一定程度上降低了市场准入门槛，但始终无法逃脱马太效应，更多地曝光、播放以及更为丰厚的利润依然会被少数头部电影获得，相反，"陪跑"电影却愈来愈多。网络大电影产业长期供应海量作品，而院线电影拥有特定的档期，同期竞品数量有限，更易获得大众的关注。因此在入市看似容易的背后网络大电影并不容易获得更佳回报，长尾作品难以出圈。

---

❶ 娱小兽.《老九门番外》1.5 亿播放量圆满收官 解锁网络电影新模式助推产业升级 [EB/OL].（2016-12-24）[2021-04-16]. https://m.sohu.com/a/122507364_549401/.

（二）网剧：《长安十二时辰》

传统电视剧主要通过电视媒介进行播放与收看，而网剧是以互联网作为载体进行传输，以个人化数字终端作为接收设备，在网络上首发播出并按照影视剧创作规律进行创作的影视视听艺术。[1] 随着互联网技术的发展、移动终端的普及和受众需求的多样化趋势，网络影视剧近年来发展迅速。"腾讯""爱奇艺""优酷""芒果 TV"等在线视频网站以及各大影视公司纷纷涉足网剧制作，生产了数量众多、题材多样的网络剧。从时长较短、以搞笑为卖点的《屌丝男士》《万万没想到》，到之后制作略显粗糙的《太子妃升职记》，为该产业注入了源源不断的能量。随着网络剧的发展，一些符合年轻观众审美趣味和喜好的剧集不断出现，其中不乏《延禧攻略》《庆余年》这样的现象级爆款大剧。一些制作精良、能够上星播出的网络剧也开始尝试"先网后台"的形式，先在网络平台播出，再由卫视频道播出。

各大视频网站与制作公司看到这一商机，加大了投资，网剧逐渐摆脱了低成本、小制作的标签，逐渐向高成本、电影化、精品化的路径发展，《长安十二时辰》便是其中的优秀作品。该剧于 2019 年 6 月在优酷视频上线播出，契合了年轻人的媒介使用习惯，更能有效触达青年群体。《长安十二时辰》荣获第三届网影盛典"年度最佳剧集"奖、第 26 届上海电视节白玉兰奖"最佳中国电视剧"等诸多殊荣，同时也在 2019 年多个网剧排行榜中稳居热度排行前十，41 万人给出的豆瓣均分为 8.3 分。《长安十二时辰》之所以能取得如此成绩，赢得市场认可和良好口碑，无疑与其在题材选取、编排摄制以及营销推广等方面的努力分不开。

---

[1] 李娜. 中国网络剧形态发展初探 [J]. 中国电影市场，2011（10）：31—32.

1. 选题：类型的选择与杂糅

网剧多改编自网络文学，因此题材更为丰富，仙侠、盗墓、悬疑、都市等都为年轻观众所喜爱。其中，由于网络视频内容的独特性，近年来悬疑推理类剧集常在网络播出，发展成网剧的一个重要类型。早在电视剧时代，《少年包青天》《大宋提刑官》《神探狄仁杰》等以破案为主线的悬疑推理类型电视剧常常因为扣人心弦、情节紧凑、具有较强的逻辑感和故事性而深受观众喜爱，成为一代人的经典回忆。《白夜追凶》《法医秦明》等悬疑推理类网剧的出现仅让此类题材重回大众视线，也掀起了不小的收视热潮。

《长安十二时辰》抓住机遇，改编自马伯庸同名小说，讲述一天中长安城内跌宕起伏的故事，虽只取一朝一夕但多达 48 集的集数将故事以分秒刻画，尽显戏剧张力与细节。但是单一的悬疑推理难以吸引受众群体，《长安十二时辰》在悬疑推理的基础上融入宫斗剧、谍战、反恐等诸多类型元素，同时与历史背景紧密结合。正如导演曹盾对电视剧的定位："突破真实与虚构界限，打造令人窒息的历史悬疑巨制，揭秘不为人知的十二时辰。""悬疑＋历史"，既为故事提供了更为神秘的想象空间，又赋予融入其他类型元素的更多机会，对长安城的精心还原使得悬疑片低成本制作的刻板印象有所改变，加之马伯庸及同名小说的 IP 价值，成为该剧破圈的关键所在。

2. 制作：各方面的求精求真

原著作者马伯庸在创作之时，无论是对唐代时期的妆容服饰、地理环境还是社会样貌都进行过大量考察，借鉴了陕西历史博物馆、西安博物院里大量唐墓壁画、唐俑文物等的原型❶，网剧在改编时也延续了原著对历史

---

❶　中国日报网.《我是唐朝人》即将开播 马伯庸揭秘《长安十二时辰》创作灵感 [EB/OL].（2019−08−22）[2021−04−18]. https://baijiahao.baidu.com/s?id=1642552804915055620&wfr=spider&for=pc.

的高度还原。该剧筹备总计 7 个月，拍摄 217 个日夜，整体制作成本接近 6 亿元，使用群演 29918 人次，耗资 5000 万元搭建了一座占地 70 亩的长安城，不仅规模巨大，而且布局规划、建筑、街巷、服饰、妆容、美食、杂艺、礼仪、风俗、宗教、典章、规制等均请专家指导，力图再现盛唐气象。❶

参照古籍搭建场景建筑还原长安面貌。如为了能够再现"西市"的繁盛，主创团队综合北宋的古画和出土的唐代陶楼的建筑风格，设计了三十多种唐式独立建筑。❷ 在满足拍摄需求的前提下，做到与史料记载相契合，同时在细节上也有所创新，既展现了长安的繁荣，又体现出唐代的多元文化。

对剧中人物的服饰、妆容以及所用的道具精心设计与考证，即使群演的服装与妆饰剧组也非常用心。作为当时的国际化大都市，长安城内不同阶层、不同民族的服饰、妆容各异，需要根据角色身份安排对应的服饰和配件。而以幞头包扎的唐朝头饰、子午簪的佩戴方式，还引起了网友的广泛讨论。服、化、道的精致打造为观众带来极致的观看体验，一改网剧发展初期粗制滥造的标签。

剧中的礼仪、生活习俗参考大量的历史典籍。例如，剧中人物的"插手礼"，在《训蒙法》中有相关记载："小儿六岁入学，先数叉手，以左手紧把高手，其左手小指指向右手腕，右手皆直，其四指以左手大指向上，如以右手掩其胸也"，是唐宋时期非常流行的礼仪之一。❸ 礼仪和习俗作为文化的载体，在该剧得到充分重视与展现。

————————————

❶ 杨晓林 .《长安十二时辰》：历史的"IP 化"创作与"热剧化"改编 [J]. 上海艺术评论，2020（03）：39–41.

❷ 卫雪珉 .《长安十二时辰》美术指导带你梦回唐朝，幕后设计制作最全解析！[EB/OL].（2019–08–07）[2021–04–18]. https://www.sohu.com/a/332092245_661691.

❸ 蓝雨星城 .《长安十二时辰》：看咱中国的"24 小时"，拍的多有文化、多高级 [EB/OL].（2019–07–12）[2021–04–18]. https://baijiahao.baidu.com/s?id=1638852637623903638&wfr=spider&for=pc.

在人物塑造方面，力求立体饱满，得到观众普遍认同。由雷佳音饰演的张小敬强悍聪明、临危受命、身兼保家卫国的重任，易烊千玺饰演的李必忠心不二、犀利果断，艾如饰演的王韫秀虽为长安第一千金却英姿飒爽、挺身而出……浮沉中小人物所蕴含的人格魅力和传递出的精神折射出对国家的热爱与忠诚，诠释了家国情怀，契合了中华文化，符合当下主流意识形态，并在无形中发挥了影视作品和媒介的社会教化功能。

此外，摄制方面剧组更是下足功夫，视觉呈现追求电影化效果。首先，依据文献资料进行前后长达两年的分镜头手稿绘制，精细程度为人称道。不仅将群演的站位动作等描绘其中，摄像如何运镜也都做出详细标注，对一景一幕进行严格设计和把控。其次，多种拍摄技法与景别的运用。开场长达两分多的一镜到底，缓缓展开长安盛世的画卷，立刻吸引了观众的注意力。在蒙太奇跳跃拼接的画面中适当穿插无剪辑的长镜头为叙事增加了感染力，武侠打斗场面的长镜头运用营造出更多的氛围感与在场感，令观众畅快淋漓。而大远景和全景俯瞰式镜头则烘托出长安城的磅礴大气之美，大特写将推动剧情的细节和生活情境一一呈现，调动了观众兴趣。

3. 宣传：裸播与破圈

（1）裸播策略，纠正"唯宣发论"。

近年来，愈来愈多的影视剧受市场中竞品、档期、政策等众多因素影响而选择采取临时定档策略，播出前不再设置和执行过多宣传造势环节，因此也被称为"裸播剧"。《长安十二时辰》即采用此策略，借助网络视频平台更灵活的排期和更充裕的资源位优势，及时根据市场表现调整发行和营销策略，并以优异的播放数据和高度好评，纠正了"唯宣发论"的畸形业态。一方面，"裸播剧"更能体现内容和品质为王的重要性，凭借上线后观众的认可和自发的口碑传播才能快速触达受众并形成话题。剧组能够拥有更多时间根据市场实时表现对观众和大众舆论进行引导，掌握更多的主动权。另一方面，节省的大笔营销预算，不仅可以用来支持生产更高质量的影视作品，还可以用于加强后期宣传，相对映前广撒网似的传播更具有针对性和引导力。

（2）映中宣传，制造有内涵的话题。

虽然《长安十二时辰》上映前未做过多宣传，但播出后有关其原著、名称、主创、制作和道服化的话题一直居高不下，通过有计划的映中宣传和话题营销使其迅速破圈。首先，无论是原著作者马伯庸的忠实读者，还是主演易烊千玺的粉丝群体，都在剧集前期宣传方面起到了很好的社群传播作用。❶ 其次，开发各类有内涵的话题。开播伊始，"长安十二时辰一镜到底"的话题就登上微博热搜 TOP 5。借助社交媒介网络，《长安十二时辰》关联的同名话题"××十二时辰"、服饰穿搭"古风唇妆挑战""长安服饰图鉴"、剧中美食"火晶柿子""水盆羊肉"等相继成为标签，引得很多网友讨论互动。其中表现最为突出的是"十二时辰"成为流行语，原著作者马伯庸的一条微博"成都十二时辰"夸张展示了成都的麻将文化，也引发网民强烈共鸣。自此，"股民十二时辰""考研十二时辰""堵车的北京十二时辰"等，万物皆可十二时辰衍生而出。这场全网狂欢不仅吸引到平民百姓以日常生活为原型借助特定句式宣泄情感，更赢得央视新闻、中国消防等一众"国字招牌"的热情参与和点赞。又如，《长安十二时辰》联合微博电视剧、微博美妆共同发起"古风唇妆挑战"，剧中主演也参与其中，提升了讨论热度。在官方微博上推出"长安服饰图鉴"组图，对剧中"缺胯袍"、大红澜袍、龟背甲等各式服饰配件进行详细讲解，引起网

---

❶ 许涵之，郭登攀. 高概念网剧的制作与营销——以《长安十二时辰》为例 [J]. 文化艺术研究，2020，13（01）：124-128.

友浓厚兴趣，吸引更多人关注该剧。❶

（3）打长安牌，吸引各方关注。

导演曹盾曾说，这部剧的主角并不是张小敬，也不是李泌，而是"长安"这座城。这部剧更像是一幅故事画，画中承载着人们对大唐盛世的想象，在内心勾勒出大唐的群像。❷《长安十二时辰》对长安细致、精美的刻画无不体现文化魅力，而文化魅力又渗透在百姓衣食住行的生活中，朴实无华却又充满烟火气息的景象引得观众深深共鸣，同时也吸引了人们对西安的好奇和向往，使之突破了影视剧的讨论圈层，成为全民关注热点。

在映中宣传的基础上，宣发团队继续深挖剧中细节，展现剧中长安盛世场景，探寻制作、历史等背后故事，发布了"长安十二时辰概念图""长安十二时辰仙灯"等话题。同时，引导各个领域意见领袖推荐西安，"美术、历史、音乐、建筑、美食、体育、道教等圈层博主都纷纷自主推荐长安"。经过上述一系列努力，《长安十二时辰》微博端主话题阅读量达到 76.8 亿，讨论量达到 1266.3 万 +；微信口碑文章达 24000 余篇，微信文章阅读量达 6700 万 +，单篇阅读量破 100 万 +。❸

将各方关注引向长安城，还推动了《长安十二时辰》与西安城市形象、西安旅游发展的良性互动，网络剧创作与城市形象构建成为新的探索方向。一方面，无论是作为政府部门的西安市文化与旅游局，还是陕西历史博物馆、西安博物院、西安中国画院等文博机构以及大唐西市、永兴坊等网红打卡地都在自己的公众号上连续推文，借助《长安十二时辰》的火

---

❶ 许涵之，郭登攀 . 高概念网剧的制作与营销——以《长安十二时辰》为例 [J]. 文化艺术研究，2020，13（01）：124-128.

❷ 石鸣 . 今年最火第一国产剧，观众的智商终于被尊重 [EB/OL]. （2019-08-05）[2021-04-18]. https://www.thepaper.cn/newsDetail_forward_4070474.

❸ 爆款 IP《长安十二时辰》破圈营销 [J]. 声屏世界·广告人，2019（10）：48-50.

爆上映积极进行城市宣传与自我营销。❶与西安相关的美食、旅游等的销量和关注度也因此猛增。"饿了么"数据显示多地西安美食订单暴增，雷佳音在剧中成功带货水盆羊肉，全国水盆羊肉订单量环比增长11%。"马蜂窝旅游"大数据显示《长安十二时辰》播出一周后，西安旅游热度上涨了22%。同年7月3日至11日期间，飞往西安的机票搜索量同比上涨130%，峰值时段同比增幅超过200%。随后配合剧情而推出的如"大唐穿越指南"等西安旅游出行指南进一步引发旅游热潮。

另一方面，"优酷"作为《长安十二时辰》的播出平台，积极与西安对接，多次在西安举办线下活动。《长安十二时辰》收官之际，在西安城墙永宁门内举办了庆功会，这也是"优酷"VIP七周年会员日。❷联动西安市政府打通"线上观影＋线下体验"的立体资源，将影视作品宣发与城市宣传紧密结合，实现双赢效果。

此外，《长安十二时辰》还借机推出各种衍生品或者与其他品牌进行跨界营销，比如开发官方同名手游、联合王者荣耀推出"梦回大唐"主体赛事、娱跃文化官方授权"长安十二时辰"单桶定制版系列威士忌、利郎联合系列T恤"有时之士"等，进一步增强了粉丝忠诚度，维系了IP价值。

《长安十二时辰》通过选题、制作和宣传方面的一系列精心策划，将关注群体从原著粉丝、悬念推理剧集粉丝成功引流到历史迷、高校学生与媒体人，再以这些人为突破口，借助意见领袖的口碑与行业评价逐渐吸引外围观众，成功破圈，实现了流量、口碑的双丰收，这一做法值得其他网剧学习。

———————————

❶ 西安市交通信息中心.《长安十二时辰》让西安再长安……[EB/OL].（2019-08-22）[2021-04-18]. https://baijiahao.baidu.com/s?id=1642535261333907702&wfr=spider&for=pc.

❷ 同❶.

二、另类跨年："哔哩哔哩"跨年晚会

哔哩哔哩弹幕视频网，又被称为"B站"。"B站"作为青年群体的聚集地，凭借其鲜明的亚文化特点，在国内视频网站激烈角逐的市场中占据一席之地。近两年，随着"B站"影响力的扩大，其受众群体也不再仅仅局限于年轻人。"B站"与各大卫视风格不同的跨年晚会的出圈，恰恰说明其已非原来那个小众视频网站，"B站"在呈现具有平台特色的节目内容和贴合年轻群体审美需求的同时，开始尝试在更大范围内满足其日益增长的受众的努力。哔哩哔哩"2019最美的夜"晚会由"B站"和"新华网"联合主办，于2019年12月31日进行直播，在社会上也获得了广泛称赞，《人民日报》官微发文称，"这是最懂年轻人的跨年晚会"，其在评分网站豆瓣上也获得了9.1分的高度评价。"2020最美的夜"晚会则由"B站"和"央视频"联合主办，于2020年12月31日进行直播，同样也广受好评，某种意义上来讲，"B站"成功破圈了。"B站"跨年晚会之所以受到如此关注，是因为这场晚会引起了广大青年受众的情感共鸣，代表着主流文化与青年亚文化的深度融合，体现着节目编排与内容数据的高度贴合。本文从"B站"2019年和2020年"最美的夜"跨年晚会出发，结合"B站"平台的发展特点，从以下四个方面，分析其中的创新之处。

（一）群体共鸣的情感化："弹幕"的共情互动与群体记忆的情感归属

1. 弹幕文化增强互动参与感

弹幕具有即时互动的特征，符合新时代的人们在虚拟空间所追求的参与感❶，尤其是在"B站"中，青年团体以独特的文字符号形式表达真挚情

---

❶　白怡雯. 从受众视角分析弹幕兴起的原因 [J]. 新闻传播，2021（03）：23-25.

感，形成不同的群体圈层。在"B站"的2019年跨年晚会中，节目开始之时，屏幕中就被"补课""复习"等字幕刷屏。同样，在2020年的晚会中，很多网友都在屏幕中打出"新年快乐"的字样，互道祝福。不仅能够吸引观众观看节目，也能让受众主动参与到其中，在享受节目的同时也能找到自身的存在感。

与此同时，弹幕文化中的特殊符号表达也让观众之间产生情感共鸣，观众能够在视频网站中寻找到与自己志同道合的组织。在"B站"的跨年晚会中，不同的群体，有不同的呼声，其中以游戏为主题的节目中，弹幕中频频出现"为了部落"四个字，玩过《魔兽世界》的游戏玩家，在这里能够找到同道中人。更有很多网友，在观看晚会时，打出了"此生无悔入B站"的弹幕。"B站"作为年轻人的聚集地，青年亚文化的表达平台，能够让拥有不同爱好的年轻人汇聚于此，在虚拟世界中表达自我，找到心灵的归宿。弹幕文化作为一种互动方式，成功将受众从被动接受转向主动参与。

2. 经典IP唤起时代记忆

近年来，各大平台的跨年晚会大多以追求热度，迎合大众为主，导致很多节目如出一辙，没有明显的平台特色，使得观众审美疲劳。而作为网络视频平台的"B站"，自2019年第一次举办跨年晚会就受到圈内圈外的一致好评，其中重要的因素在于对经典IP的完美重现。"B站"作为年轻一代的舞台，这里有"80后""90年""00后"，还有热爱游戏、动漫、古风、美剧等多重群体，需要覆盖多种青年文化群体。之所以众多主流媒体评价"B站"的跨年晚会是"最懂年轻人的晚会"，是因为"B站"通过数据分析，基于对播放量、点赞数量、讨论热度的考量，根据"B站"群体的生态环境，选择出受众真正喜欢的节目。将不同群体心中最具代表性的声音或形象，采取不同形式在节目中重现，挖掘观众记忆深处的美好瞬间，帮助观众找到自己的情感归属。

在 2019 年的晚会中,《数码宝贝》《名侦探柯南》等经典动画的主题曲都出现在舞台中,经典系列电影《哈利波特》的主题曲由著名钢琴演奏家理查德·克莱德曼和新九州交响乐团现场演绎。同时与现场梦幻的舞美效果完美契合,仿佛将观众们带回到哈利波特的魔法世界。很多网友在弹幕中纷纷写道:"想回魔法学校上学""开学了""泪目"等特殊文字。特别时在靳海音弦乐团和新九洲爱乐乐团一起演奏的歌曲串烧中,既有美剧《教父》的主题曲,也有动漫《火影忍者》的经典曲调,当这些音乐在耳边响起时,许多"90 后"的记忆被唤醒,弹幕中"爷青回""童年回忆"表达了观众彼时的心情,群体中的情感共鸣在音乐的演奏中瞬间被激发。这些深深刻在"80 后""90 年""00 后"心中的经典著作,又重新出现在"B站"的舞台上,很多网友直呼"良心晚会"。"B 站"晚会的成功"出圈",其中的原因在于其对于不同群体间的情感建构,运用重温经典的方式,巧妙地抓住了年轻受众的胃口。

同时,在 2020 年"B 站"集体上线了央视版的四大名著电视剧❶,使得经典 IP 在"B 站"中焕发了新的生机,具有了新时代的解读方式与意义。在 2020 年的"最美的夜"中,舞蹈表演《西游·问心》,以《西游记》中经典曲目《敢问路在何方》为背景音乐,舞蹈内容涵盖"蜘蛛精、白骨精、真假美猴王"等熟悉的片段。

很多观众直呼"泪目",当童年的声音再次在耳边响起时,美好青春的画面仿佛又浮现在眼前,勾起了受众对幸福时光的回忆。

---

❶ 黄帅."弹幕版"四大名著走红:网络文化与经典能擦出多少火花 [N]. 中国青年报,2020-07-29(2).

（二）节目融合的多元化：各类文化的激情"碰撞"与媒体平台的真诚合作

1. 多元文化的融合共生

（1）主流文化与青年亚文化激情"碰撞"。

青年亚文化作为"B站"的一贯标签，与主流文化的激烈碰撞，成为整个社会不断变化发展的动力源泉。❶ 随着青年用户群体的逐渐成熟，年轻群体对主流社会的影响力也不断提升，"90年""00后"已经走向舞台中央。主流文化更需要注入新鲜血液。从2019年起，很多主流文化元素开始加入到"B站"中，但内容表达形式，没有采用主流媒体的陈旧方式，而是根据"B站"的生态环境特点，选择动漫、说唱、古风、鬼畜等年轻人易接受的表达形式。例如，"B站"中流行动漫《那年那兔那些事儿》，以中国的历史发展为背景，讲述抗战英雄们的英勇事迹。在2019年的晚会中，由军星爱乐合唱团的退伍老兵和张光北老师共同演唱了《种花组曲》，中华的谐音为"种花"，出自"B站"，这个节目听得观众们热血沸腾。弹幕中飘过很多"中国红""全体起立"等字样，这是"B站"年轻群体表达爱国情感的独特方式。说唱歌手GAI演唱的《华夏》引起一阵阵呼声，"此生无悔入华夏"弹幕在屏幕的上空飘过。这些爱国主题节目涵盖了"B站"特有的青年文化气息，同时也表达了年轻人对家国情怀的认同与赞颂。

同时作为年轻人的聚集地，传播朝气蓬勃的正能量，视频内容积极向上也是"B站"中青年亚文化与主流文化的完美重叠，作为时代的接班人与实现自我价值的追梦人，需要用自己喜欢的方式向世界表达自己的决

---

❶ 张彤，张伟."哔哩哔哩"新年晚会：青年亚文化和主流文化的双向"出圈"[J]. 声屏世界，2020（06）：57-58.

心。在"B 站"的跨年晚会上，有南征北战的《骄傲的少年》、有 GALA 乐队的《追梦赤子心》，此时的弹幕大多是"不妥协直到变老""热血沸腾"。在笔者看来，"B 站"这类节目的精彩演绎，在激发青年人蓬勃向上的精神的同时，也使得主流文化逐渐融入青年人的血液中。

（2）高雅艺术在大众文化中的渗透❶。

"B 站"虽然以青年用户为主导，但不同于其他卫视以追求娱乐为主，"最美的夜"在节目内容的选择上更加倾向于雅俗共赏。❷ 在呈现观众喜闻乐见的节目的同时，加入艺术元素，让普通的大众曲目变得不普通。再加上著名艺术家的加持，让普通受众熟悉的领域中感受到高雅艺术的魅力，其中最具代表性的是在抖音热曲排行榜中有一首《The Next Episode》很受用户喜爱，在"B 站"的跨年晚会中，著名指挥家赵兆老师，带着他的百人交响乐团与乐器大师方锦龙老师共同演奏了这首大家耳熟能详的热曲，使得高雅艺术在与大众文化结合的过程中深植于心。很多用户都直呼"有梗"，让观众们再一次感受到了通俗歌曲与高雅艺术的完美结合，同时在乐团中运用到的很多专业乐器，比如方锦龙老师运用到的锯琴、尺八、印度的艾斯拉吉等，都让观众们大开眼界，吸引很多音乐爱好者主动去学习这些稀有乐器，也为音乐艺术的普及带来促进作用。

2."B 站"与主流媒体的深度合作

多渠道融合发展是网络视频平台最基本的发展策略。从"B 站"的跨年晚会中就可以看出，观众参与"微博"平台"最美的夜"的话题互动，与主流媒体的深度合作。首先是主办方上的合作。2019 年的跨年晚会"B

---

❶ 侯丽丽，康二宁 . 普及高雅音乐艺术 引领大众文化审美 [J]. 当代音乐，2017（22）：98-100.

❷ 张弛，丁雨婷 . 抵抗·风格·收编——亚文化视域下哔哩哔哩 2019 跨年晚会的关键词解读 [J]. 新闻文化建设，2020（16）：170-171.

站"与"新华网"联合主办，2020 年"B 站"也与湖北广电融媒体联合制作，并在"哔哩哔哩央视频"、香港"TVB 翡翠台"同步播出。其次是央视主持人的加入，充分显示出主流媒体对"B 站"平台的重视与肯定，更是主流媒体对年轻群体的侧面关注。从 2019 年的央视一线主持人朱广权，主持界的段子手，在"B 站"的鬼畜区深受用户喜爱，再到 2020 年的央视著名支持人撒贝宁，"凡尔赛文学"的鼻祖，都很受年轻人及中年人的喜爱。他们的加入吸引了更多三次元的年轻人关注"B 站"，也为"B 站"的顺利出圈提供契机。

（三）节目呈现的情景化：代入性的视觉体验与故事性的主题呈现

1. 视觉上的代入感强

当今人们对于视觉上的挑剔感，来自科学技术的不断进步。当各种奇幻的景象层出不穷时，人们仿佛置身其中。这种奇妙的感觉致使人们在视觉上和听觉上产生了更高层次的追求。每一次视觉上的冲击都会让观众不禁感叹，并留下深刻印象。"B 站"在 2019 年的跨年晚会中一炮走红，除了出色的内容以外，视觉上的震撼也提供了良好的口碑。在"B 站"的两届跨年晚会中，都有国内网络虚拟歌手——洛天依的出场，作为二次元群体中最具代表性的虚拟偶像，晚会现场运用全息投影技术、AR 技术，将洛天依活灵活现地呈现在舞台中。其中 2019 年于方锦龙老师合作的中国传统民歌《茉莉花》，在演唱时运用全息投影技术表现古色古香的江南美景，观众仿佛置身其中。在 2020 年由洛天依演唱的《夜航星》，全场灯光以深蓝色为主调，营造了神秘的氛围，随着舞台背景的大幕拉开，一艘巨型飞船从观众头顶飞过，带领观众来到宇宙太空中，晚会现场呈现出不同的宇宙星球。这种情景式的观感体验，给观众以震撼，强烈的代入感，让观众大呼过瘾。类似的还有《权力的游戏》主题曲，舞台现场，随着紧张激烈的节奏响起，一条巨龙在会场上空穿梭，这种视觉和听觉上的双重体验让观众不禁感叹！

周笔畅在 2019 年跨年晚会中演唱的《女流》，晚会现场舞台整体氛围呈暗色调，在周笔畅身后的屏幕中，一位虚拟舞者在用身体的动作诠释情感，舞台背景充满整个会场，很多网友在屏幕中直呼"舞美满分""视觉盛宴，音乐盛典"。

2. 晚会主题的故事性

内容创意是晚会成功的重要法宝，"B 站"的晚会主题符合年轻群体的定位，不同于其他卫视的传统主题，"日落""月升""星繁"这种充满文艺色彩的主题将晚会整体分为三大部分，就像是故事中三个不同阶段。对于这三大主题有很多不同的理解。从字面意思上，可以理解为是一个时间的变化，从太阳落山到月亮升起再到漫天繁星，时间上的变化也代表着事物的不断发展。有网友对于这三大主题提出一个较为贴切的理解，日落之时大地无光，月之初升屏退黑暗，漫天繁星静待黎明，寓意了众人和"B 站"一同度过光辉美好的夜晚，迎接新的一年。❶ 这也代表着"B 站"从 2009 年，一路走来的发展历程，从起初网友口中的"小破站"到如今中国的"YouTube"，年轻用户从"90 后"拓展到"00 后""10 后"，新鲜血液的注入，也为"B 站"带来的新的发展思路，期待未来会有新的超越。整体晚会，就像是围绕着一个故事的三个阶段进行演绎诠释。

❶　文化咖.被封神的 B 站晚会，究竟好看在哪里？[EB/OL].（2020-01-10）[2021-04-19]. https://zhuanlan.zhihu.com/p/102080857.

（四）演员选择的内容化："PUGC"的内容生态与流量艺人的"走心"安排

1. PUGC 的群集流量

从视频网站的特点来讲，"B 站"是以 UP 主生产优质内容为核心，吸引不同的年轻群体，起初主要为二次元群体提供交流平台，随着年轻群体的不断涌入，社群文化也不断丰富，除了动漫、游戏之外，有鬼畜、音乐、科技、国创、知识等多种分区，与此同时，许多 UP 主凭借优质的内容生产成功吸粉。在"B 站"中不同分区的头部 UP 主粉丝量都高达上百万。同时"B 站"会在年终晚会上，向站内优质 UP 主颁发奖项，评选出"百大"UP 主，推动 PUGC 生态模式发展，更提高了平台用户的黏性。

在"B 站"的跨年晚会上更缺少不了优质 UP 主的登台演出。冯提莫作为"B 站"直播签约主播，在"B 站"中拥有 270 多万的粉丝，在两届跨年晚会中，站在台上歌声婉转，展现了她动听的歌声，而她的登台也吸引着很多"B 站"音乐区的忠实用户。在 2019 年的晚会中，由"B 站"UP 主们带来的《动漫歌曲》，也获得了青年群体的一致好评。包括 UP 主陈乐一演唱的经典动漫歌曲《Only My Railgun》，弹幕中"全体起立"被刷屏，表现出二次元群体对经典动漫的热爱与敬意。同时，由四位音乐专区的 UP 主，各拿各的乐器，钢琴、萨克斯、电吉他、小提琴一字排开，依次演奏经典动漫歌曲《数码宝贝》《头文字 D》和《名侦探柯南》的主题曲。

"B 站"跨年晚会的播放量成功破亿的原因，一部分是优质 UP 主所带来的群集流量，摆脱对一线艺人的一味追求，反而更能凸显平台特色，节目内容贴近普通受众，符合年轻受众群体的审美需求。

2. 流量艺人的适度选择

晚会的主创团队将主题先行的创作模式转向了内容先行，以用户兴趣为中心组织节目内容，将用户真正喜欢的元素进行真挚演绎。❶主创团队是根据"B站"平台的数据分析，寻找到受众关心的话题，再进行节目内容的安排，这也是为什么"B站"会成为"最懂年轻人"晚会，在对于流量艺人的选择上，也进行了走心安排。拥有独特嗓音的周深，2019年的《千与千寻》片尾曲《永远同在》、2020年《姜子牙》的《请笃信一个梦》，周深早已在"B站"古风歌曲中"封神"，热爱古风的受众群体在弹幕中写道"终于等到你""绝了"。2020年，五条人乐队带给观众无限的欢乐，在"B站"也是深受年轻人的追捧，他们张扬个性、随性洒脱、创作生活的态度与当下青年的价值取向完美契合，这也是晚会创作者选择"五条人"的初衷。

"最美的夜"摆脱同质化的节目形式，首先，用数据与文化内涵相结合的方式选择节目内容，在节目中所呈现的特殊元素，都承载着受众长期的情感记忆，引发不同时代群体的情感共鸣。其次，以新时代的眼光来理解主流文化，用高雅的艺术方式呈现大众文化，与主流媒体碰撞出爱的火花。最后，用讲述故事的方式呈现晚会主题，回归平台特色，满足青年受众群体的视听需求。

1. 预测"B站"跨年晚会的未来发展走向？是否会趋向主流平台？
2. "B站"的"出圈"行为是否会引起"B站"中"原住民"的反感？
3. "B站"的创新有什么值得其他视频网站借鉴的地方？
4. 如何消除"B站"在中老年群体中的厌烦印象？

❶　李泽方．"互联网＋综艺晚会"的新思路与新取向——以"B站"跨年晚会为例 [J]. 戏剧之家，2021（07）：193-194.

参考文献

［1］白怡雯.从受众视角分析弹幕兴起的原因［J］.新闻传播，2021（03）.

［2］爆款IP《长安十二时辰》破圈营销［J］.声屏世界·广告人，2019（10）.

［3］曹林.扩张、驱逐与维权：媒体转型冲突中的三种博弈策略——以兽爷、咪蒙、呦呦鹿鸣争议事件为例［J］.新闻大学，2019（06）：19-31，121-122.

［4］曹玉茁.博物馆文创产品的新媒体营销推广——以故宫淘宝为例［J］.新媒体研究，2018，4（09）.

［5］陈红艳，史蕾.传统广播App的品牌打造与未来突破——以阿基米德FM为例［J］.出版广角，2017（15）.

［6］陈晓烨.基于知识付费的音频自媒体节目研究［D］.杭州：浙江传媒学院，2019.

［7］褚俊杰.我国广播新闻的历史沿革与发展趋势研究［D］.广州：暨南大学，2013.

［8］戴佳，曾繁旭，王宇琦.官方与民间话语的交叠：党报核电议题报道的多媒体融合［J］.国际新闻界，2014，36（05）.

［9］董怡汝.全媒体背景下时政新闻传播方式的变革和发展——以《新闻联播》抖音短视频为例［J］.视听，2021（02）.

［10］董占山.传播学视阈下的新媒体营销策略——以"故宫淘宝"为例［J］.出版广角，2016（11）.

［11］段然.户外真人秀节目的叙事模式［J］.青年记者，2014（21）.

［12］段送爽."故宫淘宝"：新媒体时代文化产品传播策略探析［J］.中国记者，2016（06）.

［13］冯宇飞.喜马拉雅FM的知识生产与传播研究［D］.呼和浩特：内蒙古大学，2018.

［14］高原青.情感类公众号粉丝消费心理研究［D］.济南：山东大学，2019.

［15］龚雪辉.全媒体传播：一次教科书式的人物专访——中央广播电视总台专访普京总统报道案例评析［J］.电视研究，2018（09）.

［16］谷征，张一祎.脱口秀类网络综艺节目的两种走向与对比分析——以《奇葩说》与《吐槽大会》为例［J］.传媒，2018（10）.

［17］谷征.改革开放40年我国听众调查的五个阶段与发展趋势［J］.编辑之友，2018（12）.

［18］郭雪玲.《主播说联播》和新媒体平台的融合与冲突——以《新闻联播》进驻抖音为例［J］.新媒体研究，2019，5（22）.

［19］郭政.场景广播：声音本位下广播的"分众进化"［J］.今传媒，2018，26（06）.

［20］海阳.海阳工作室进化论［J］.中国广播，2016（12）.

［21］韩林珊.时政新媒体"侠客岛"的SWOT分析［J］.传媒论坛，2020，3（07）.

［22］郝俊杰.浅析音乐广播的创新发展路径——以中央人民广播电台

《音乐之声》为例［J］.西部广播电视，2018（01）.

［23］何清.自媒体运营策略分析——以"六神磊磊"为例［J］.新闻研究导刊，2018，9（24）.

［24］侯丽丽，康二宁.普及高雅音乐艺术 引领大众文化审美［J］.当代音乐，2017（22）.

［25］胡妙德.十年感言——广播娱乐节目十年纪［J］.中国广播，2014（01）.

［26］胡智锋，杨宾.中国电视综艺节目本土化创新的路径研究［J］.传媒观察，2019（02）.

［27］黄兰椿.《跨界歌王》在模式与音乐内核上的创新［J］.新闻战线，2017（12）.

［28］黄帅."弹幕版"四大名著走红：网络文化与经典能擦出多少火花［N］.中国青年报，2020-07-29（002）.

［29］黄馨茹，海阳，弓健，刘海涛.转型中的广播人［J］.青年记者，2016（04）.

［30］江苏佳.从《奇葩说》的成功看网络综艺节目制作［J］.青年记者，2017（12）.

［31］靳雅珺.综艺节目《向往的生活》广告植入研究［J］.现代营销（信息版），2020（03）.

［32］李佼蓉.电视谈话类节目的成功因素——以《鲁豫有约》为例［J］.传媒论坛，2019，2（01）.

［33］李岚，史峰.突发公共事件中主流媒体"微评论"效能分析——以总台《央视快评》《国际锐评》战"疫"评论为例［J］.电视研究，2020（06）.

［34］李淼.数字"新声活"：融媒场景中移动音频的知识传播与实践

［J］. 中国编辑，2018（09）.

［35］李默. 互联网环境下少儿广播发展思路探索——以儿童内容品牌"凯叔讲故事"为借鉴［J］. 中国广播，2018（04）.

［36］李玥. 解析如何运用互联网思维构建广播栏目——以《海阳现场秀》为例［J］. 中国广播，2015（08）.

［37］李泽方."互联网＋综艺晚会"的新思路与新取向——以 B 站跨年晚会为例［J］. 戏剧之家，2021（07）.

［38］梁少玲. 论真人秀节目人物设置和形象塑造的重要性［J］. 传播与版权，2017（05）.

［39］刘倩.K 歌节目兴起原因探析［J］. 今传媒，2009（10）.

［40］刘晓宇. 访谈类节目的创新之道——以《鲁豫有约大咖一日行》为例［J］. 新媒体研究，2017，3（05）.

［41］陆红. 从《一站到底》看益智类竞技节目的发展［J］. 视听，2019（04）.

［42］路军. 从东广新闻台看类型化电台在我国的探索实践［J］. 新闻记者，2005（04）.

［43］罗伯特·斯考伯，谢尔·伊斯雷尔. 即将到来的场景时代［M］. 赵乾坤，周宝曜，译. 北京联合出版公司，2014.

［44］罗幸. 媒介融合背景下类型化广播发展趋势探究［J］. 传媒，2017（21）.

［45］宁新雅.《新闻联播》中新闻评论的创新发展研究［J］. 卫星电视与宽带多媒体，2020（06）.

［46］牛沛媛. 传统广播向移动音频客户端的转化——以阿基米德 FM 和 iHeartRadio 为例［J］. 传媒，2018（19）.

［47］乔羽. 户外真人秀节目的困境与出路［J］. 中国广播电视学刊，

2020（01）.

［48］邱诗韵，姜敏桢，颜丹，马欣.综艺节目植入广告发展现状及创新研究——以《向往的生活》第四季为例［J］.卫星电视与宽带多媒体，2020（13）.

［49］申桂红.《跨界歌王第二季》的创新与继承［J］.当代电视，2018（04）.

［50］石杨雪.新形势下对广播媒体发展的创新分析研究——以《海阳现场秀》为例［J］.科技视界，2014（03）.

［51］苏凡博.场域理论视野下的"珠江模式"［J］.传媒，2017（15）.

［52］苏娟.电视健康类节目的目标受众与节目构成——以《我是大医生》和《养生堂》比较为例［J］.西部广播电视，2014（05）.

［53］孙海龙.移动互联网时代主流媒体传播影响力的构建——以央视《新闻联播》上热搜为例［J］.新闻潮，2019（09）.

［54］孙晓宇.广播音乐节目的市场化生存——中央人民广播电台"音乐之声"节目解析［J］.音乐传播，2012（02）.

［55］覃继红，刘浩三，吕晓红.珠江经济台开播始末［J］.中国广播，2012（04）.

［56］谭笑风.全媒体兴起下的新闻宣传及其文本重塑——兼议"国际锐评"的融媒体风格［J］.新闻爱好者，2020（06）.

［57］唐崇维，黄君.网络知识类脱口秀音频节目的生产研究——以《矮大紧指北》为例［J］.视听，2020（09）.

［58］唐英，尚冰靓.大数据背景下网络自制综艺节目的特征及趋势探析——以《奇葩说》为例［J］.新闻界，2016（5）.

［59］唐莹.蜻蜓FM：超级IP视域下声音经济的场景革命［J］.传播力研究，2018，2（17）.

［60］涂小芳.论《乘风破浪的姐姐》对"姐姐精神"的深度挖掘与立体传播［J］.视听，2021（1）.

［61］汪勤.国内移动网络电台内容生产模式研究——以荔枝 FM、蜻蜓 FM、喜马拉雅 FM 为例［J］.视听，2018（07）.

［62］王斌，张雪.新型主流媒体影响力建设的内容生产路径——基于微信公众号"侠客岛"的研究［J］.新闻战线，2019（11）.

［63］王丹.云吸猫迷群身份建构的平台研究——以回忆专用小马甲的微博为个案［J］.新媒体研究，2020（09）.

［64］王嘉晨.浅析"支付宝"在"中国锦鲤"营销传播活动中的创新点［J］.新闻知识，2019（01）.

［65］王岚岚.广播媒体的智能化趋势与未来［J］.视听界，2018（03）.

［66］王丽.中国大陆类型化广播发展策略研究［D］.武汉：武汉大学，2010.

［67］王婷杨.媒体融合背景下电视新闻节目形态的变化发展——以央视《新闻联播》为例［J］.新闻传播，2020（14）.

［68］王一帆.口语传播在国际传播中的作用——对中央广播电视台台长专访普京的分析［J］.声屏世界，2018（10）.

［69］王智勇.恋爱观察类综艺节目的创新与思考——以《我们恋爱吧》为例［J］.视听界，2019（06）.

［70］尉虹.艺人美食综艺节目的创新和多元化发展定位——以《十二道锋味》为例［J］.视听纵横，2017（03）.

［71］魏潇潇.新媒体语境下《我是歌手》的节目模式创新变［J］.当代电视，2019（08）.

［72］吴星晨.珠江模式：中国广播突围的一个样板［J］.中国广播，2019（07）.

［73］侠客岛 . "侠客岛"：中国权威时政新媒体的探索［J］. 新闻战线，2016（09）.

［74］夏雨晴，宗俊伟 . 国产慢综艺电视节目传播价值——以《向往的生活》为例［J］. 新闻爱好者，2020（06）.

［75］向延桃 . 新媒体环境下传统主流媒体的创新策略——以央视《新闻联播》节目为例［J］. 新媒体研究，2020，6（20）.

［76］肖辉馨，孙开恩 . 家文化：慢综艺节目的情感表达方式初探——以《向往的生活》和《忘不了餐厅》为例［J］. 新闻世界，2020（03）.

［77］肖雅 .《我们是真正的朋友》：慢综艺创作的新思路与启示［J］. 视听，2020（07）.

［78］谢伯元，李克强，王建强，赵树连 . "三网融合"的车联网概念及其在汽车工业中的应用［J］. 汽车安全与节能学报，2013，4（04）.

［79］徐海龙，秦聪聪，寿晓英 . "星素结合"到"星素互动"的跨越——试析电视音乐综艺节目互动仪式链的建构［J］. 北方传媒研究，2020（01）.

［80］徐汉滨 . 自媒体时代舆情引导策略分析——以《人民日报》"侠客岛"为例［J］. 传媒，2018（22）.

［81］徐艺菲 . "互联网＋电视"打造音乐选秀节目新模式［J］. 新闻战线，2016（08）.

［82］许涵之，郭登攀 . 高概念网剧的制作与营销——以《长安十二时辰》为例［J］. 文化艺术研究，2020，13（01）.

［83］严文斌，赵宇 . 论新华社社长蔡名照专访普京的传播创新与实践价值［J］. 中国记者，2016（09）.

［84］杨靖 . 传统广播在未来车联网中的定位和发展方向［J］. 科技传播，2019，11（21）.

［85］杨向华.网络大电影的过去、现在和未来［N］.中国艺术报，2017-04-07（006）.

［86］杨晓林.《长安十二时辰》：历史的"IP化"创作与"热剧化"改编［J］.上海艺术评论，2020（03）.

［87］姚文华.央视《新闻联播》硬核评论带来的舆论狂欢研究——以国际锐评三次登上微博热搜为例［J］.新闻论坛，2019（05）.

［88］殷乐，朱豆豆.声音媒体的智能化发展——新终端 新应用 新关系［J］.中国广播，2019（04）.

［89］尹琨.智能音箱是广播的新风口吗？［J］.中国广播，2018（03）.

［90］尹倩.从受众需求角度看数字有声读物的内容发展——以《好好说话》为例［J］.视听，2018（02）.

［91］游苏苏.广播+车联网：未来车载广播新业态的预判［J］.东南传播，2019（12）.

［92］于烜.从颠覆性狂欢到价值建构中的娱乐升级——中国电视音乐选秀十年变迁［J］.北京社会科学，2015（03）.

［93］虞智颖，岳傲南，汪冰蟾，代雅娜，何昕.从中国诗词大会文化元素的呈现看文化类节目的发展进化［J］.视听，2018（07）.

［94］岳文玲.媒体融合背景下我国广播广告优化策略研究［D］.乌鲁木齐：新疆大学，2019.

［95］曾一果，张文婷.电视相亲节目的代际互动与情感叙事——基于《新相亲大会》的考察［J］.中国电视，2020（08）.

［96］曾毅.从"广播"到"窄播"的变革—中国类型化电台发展空间初探［D］.上海：上海师范大学，2015.

［97］臧亮.国内智能音箱行业发展状况研究［J］.中国广播，2018（11）.

［98］张晨.我国广播的类型化发展策略研究［D］.长沙：湖南大学，

2010.

［99］张弛，丁雨婷．抵抗·风格·收编——亚文化视域下哔哩哔哩2019跨年晚会的关键词解读［J］．新闻文化建设，2020（16）．

［100］张路琼，崔青峰．移动音频的传播特征及媒介演变［J］．青年记者，2020（29）．

［101］张双燕．从传播学角度看《鲁豫有约大咖一日行》的创新［J］．今传媒，2017，25（05）．

［102］张思嘉．有声读物App"懒人听书"运营策略研究［D］．郑州：河南大学，2020．

［103］张彤，张伟．"哔哩哔哩"新年晚会：青年亚文化和主流文化的双向"出圈"［J］．声屏世界，2020（06）．

［104］张晓菲．打造数据驱动的广播——国外广播公司基于用户定向的数字化营销模式研究［J］．传媒，2019（05）．

［105］张志慧．以喻为剑 震撼人心——5月13日《新闻联播》国际锐评"有目的隐喻"探究［J］．台州学院学报，2020，42（04）．

［106］张忠仁．当代电视真人秀的传播困境与解决之道［J］．现代传播，2010（10）．

［107］章莹莹．类型化电台的特点及主持人的作用——以中央人民广播电台"音乐之声"为例［J］．现代传播（中国传媒大学学报），2013,35(04)．

［108］赵丹．探析《跟着贝尔去冒险》本土化创作语境下的模式创新［J］．当代电视，2018（06）．

［109］赵耀培．"六神磊磊读金庸"自媒体的起源、发展历程及现状［J］．视听，2019（04）．

［110］郑蓉．从"跨界"到"跨越"——浅析2017《跨界歌王》的创新升级［J］．现代视听，2017（10）．

［111］周平，王梅琳."故宫淘宝"的社交媒体营销策略探讨［J］.视听，2020（01）.

［112］周人杰.从"云听"和"央视频"的推出兼谈广电媒体的突破方向［J］.中国广播，2020（09）.

［113］周小普.广播类型化发展的历史及前瞻思考［J］.中国广播，2012（02）.

［114］周研.少儿音频类自媒体用户研究［D］.呼和浩特：内蒙古师范大学，2019.

［115］庄衡.《新闻联播》突然火爆下的新闻评论分析［J］.新闻研究导刊，2019，10（16）.

［116］邹戈胤.关于中国邮政"名人堂"系列主题邮局邮筒品牌运营的猜想［J］.中国市场，2018（03）.

［117］GRANOVETTER M S.The Strength of Weak Ties［J］. American Journal of Sociology，1973，78（6）.

后　记

　　本书从策划到定稿历时多年，最初想法源自笔者担任《媒体创意与策划》课程之时，苦于没有一本配合教学的有关媒体创意与策划的实战案例手册，遂在授课之余开始慢慢积累。因此本书亦可以视作本科与研究生相关课程多年来的教学成果。每一位担任《媒体创意与策划》课程的教师、莅临指导的业内专家，特别是课堂上的每一位同学，都为本书的出版付出了辛苦劳动。本书以经典案例为切入点，计划出版"印刷媒体案例篇""电子媒体案例篇""短视频案例篇"三册，分别介绍图书、报纸、期刊、广播、电视、微博、微信公众号、视频网站等不同媒体创意与策划的操作方法。

　　"电子媒体案例篇"的案例由《媒体创意与策划》课程的师生共同参与筛选，由任课教师和北京印刷学院 2018 级、2019 级、2020 级部分研究生和 2016 级部分本科生执笔进行初稿写作。具体分工如下：广播创意与策划部分由刘阳、谷征撰写，新闻节目创意与策划（《国际锐评》案例）由扈雨桐撰写，新闻节目创意与策划（慎海雄台长专访普京案例）由朱文举撰写，音乐选秀节目创意与策划、谈话类节目创意与策划由谷征、张颖、关灵姝撰写，音乐选秀节目创意与策划（《乘风破浪的姐姐》案例）由李和、谷征撰写，益智类节目创意与策划、户外真人秀节目创意与策划、慢综艺节目创意与策划由张颖、张振峰撰写，信息类节目创意与策划由王誉颖、谷征撰写，微博营销创意与策划由唐雪妍撰写，微信公众号创意与策划由刘阳、谷征、安麒撰写，视频网站创意与策划由李和、黄巧维撰写。

最后本书由谷征进行统一修改、定稿。本书的出版受到新闻出版专业群建设项目、新闻与传播专业硕士产学研联合研究生培养基地建设项目等支持，北京印刷学院新闻出版学院为本书出版提供很大了帮助。知识产权出版社编辑也为本书的及时付梓付出了很多心血。在此一并鸣谢！

著者 2021 年 4 月于北京